U0924367

21世纪普通高校计算机公共课程规划教材

# C语言程序设计
# 习题、实验与课程设计

田丽华　主编

由扬 王静 吕鑫　副主编

清华大学出版社

北京

## 内容简介

本书是作者基于多年教学经验，在原先版本《C语言程序设计上机指导与习题解答》(田丽华主编，2009年于北京邮电大学出版社出版)的基础上经过精心布局和筛选案例而形成的。共包含三部分：实验篇、习题篇和实践篇，涵盖了C语言教学的各个环节，可供各层次的阅读者学习参考。全书着重以理论应用到实践为内涵，加深理论知识的理解、培养实践动手能力、提高素质的教学理念，最后利用所学知识进行综合系统设计，学以致用。

本书内容丰富、实用性强，是学习"C语言程序设计"的一本好书，既适用于高等学校师生使用，也可供计算机等级考试和各种技能培训使用。

本书是《C语言程序设计(第2版)》(清华大学出版社，田丽华主编)的配套辅导教材，内容彼此相一致，本书的实验篇给出了主教材每章习题中的编程题题解。



**图书在版编目(CIP)数据**

C语言程序设计习题、实验与课程设计/田丽华主编. —北京：清华大学出版社，2014(2019.7重印)
(21世纪普通高校计算机公共课程规划教材)
ISBN 978-7-302-37850-1

Ⅰ. ①C… Ⅱ. ①田… Ⅲ. ①C语言—程序设计—高等学校—教学参考资料 Ⅳ. ①TP312

中国版本图书馆CIP数据核字(2014)第199307号

**责任编辑**：付弘宇 薛 阳
**封面设计**：何凤霞
**责任校对**：焦丽丽
**责任印制**：刘祎淼

**出版发行**：清华大学出版社
**网 址**：http://www.tup.com.cn，http://www.wqbook.com
**地 址**：北京清华大学学研大厦A座 **邮 编**：100084
**社 总 机**：010-62770175 **邮 购**：010-62786544
**投稿与读者服务**：010-62776969，c-service@tup.tsinghua.edu.cn
**质量反馈**：010-62772015，zhiliang@tup.tsinghua.edu.cn
**课件下载**：http://www.tup.com.cn，010-62775954
**印 装 者**：三河市少明印务有限公司
**经 销**：全国新华书店
**开 本**：185mm×260mm **印 张**：13.75 **字 数**：326千字
**版 次**：2014年11月第1版 **印 次**：2019年7月第8次印刷
**印 数**：10101～10600
**定 价**：32.00元

产品编号：050111-02

# 出版说明

随着我国改革开放的进一步深化，高等教育也得到了快速发展，各地高校紧密结合地方经济建设发展需要，科学运用市场调节机制，加大了使用信息科学等现代科学技术提升、改造传统学科专业的投入力度，通过教育改革合理调整和配置了教育资源，优化了传统学科专业，积极为地方经济建设输送人才，为我国经济社会的快速、健康和可持续发展以及高等教育自身的改革发展做出了巨大贡献。但是，高等教育质量还需要进一步提高以适应经济社会发展的需要，不少高校的专业设置和结构不尽合理，教师队伍整体素质亟待提高，人才培养模式、教学内容和方法需要进一步转变，学生的实践能力和创新精神亟待加强。

教育部一直十分重视高等教育质量工作。2007 年 1 月，教育部下发了《关于实施高等学校本科教学质量与教学改革工程的意见》，计划实施"高等学校本科教学质量与教学改革工程(简称'质量工程')"，通过专业结构调整、课程教材建设、实践教学改革、教学团队建设等多项内容，进一步深化高等学校教学改革，提高人才培养的能力和水平，更好地满足经济社会发展对高素质人才的需要。在贯彻和落实教育部"质量工程"的过程中，各地高校发挥师资力量强、办学经验丰富、教学资源充裕等优势，对其特色专业及特色课程(群)加以规划、整理和总结，更新教学内容、改革课程体系，建设了一大批内容新、体系新、方法新、手段新的特色课程。在此基础上，经教育部相关教学指导委员会专家的指导和建议，清华大学出版社在多个领域精选各高校的特色课程，分别规划出版系列教材，以配合"质量工程"的实施，满足各高校教学质量和教学改革的需要。

本系列教材立足于计算机公共课程领域，以公共基础课为主、专业基础课为辅，横向满足高校多层次教学的需要。在规划过程中体现了如下一些基本原则和特点。

(1) 面向多层次、多学科专业，强调计算机在各专业中的应用。教材内容坚持基本理论适度，反映各层次对基本理论和原理的需求，同时加强实践和应用环节。

(2) 反映教学需要，促进教学发展。教材要适应多样化的教学需要，正确把握教学内容和课程体系的改革方向，在选择教材内容和编写体系时注意体现素质教育、创新能力与实践能力的培养，为学生知识、能力、素质协调发展创造条件。

(3) 实施精品战略，突出重点，保证质量。规划教材把重点放在公共基础课和专业基础课的教材建设上；特别注意选择并安排一部分原来基础比较好的优秀教材或讲义修订再版，逐步形成精品教材；提倡并鼓励编写体现教学质量和教学改革成果的教材。

(4) 主张一纲多本，合理配套。基础课和专业基础课教材配套，同一门课程有针对不同层次、面向不同专业的多本具有各自内容特点的教材。处理好教材统一性与多样化，基本教材与辅助教材、教学参考书，文字教材与软件教材的关系，实现教材系列资源配套。

(5) 依靠专家，择优选用。在制定教材规划时要依靠各课程专家在调查研究本课程教材建设现状的基础上提出规划选题。在落实主编人选时，要引入竞争机制，通过申报、评审确定主题。书稿完成后要认真实行审稿程序，确保出书质量。

繁荣教材出版事业，提高教材质量的关键是教师。建立一支高水平教材编写梯队才能保证教材的编写质量和建设力度，希望有志于教材建设的教师能够加入到我们的编写队伍中来。

21世纪普通高校计算机公共课程规划教材编委会

联系人：魏江江 weijj@tup.tsinghua.edu.cn

# 前　言

“C语言程序设计”是大学本科学习的必修课。C语言有很长的发展历史，至今在很多领域仍然有其特有的用武之地。C语言是目前世界上最流行、使用最广泛的高级程序设计语言。它不但具有丰富的数据类型与运算符、灵活的控制结构、简洁而高效的表达式、清晰的程序结构和良好的可移植性等优点，而且还具有直接对计算机硬件编程的强大功能；它既具有高级语言的优点，又具有低级语言的许多特点。C语言既适合于开发系统软件，又适合于开发应用软件，深受程序员的欢迎。

本书的主要特点是：内容的编排按章节、循序渐进；通过精心设计的实验题目及练习题，着重锻炼C语言程序设计的基本方法与基本技巧；总结多年的教学经验，对学生易犯错误的地方或概念易混淆的地方都通过习题加以区分和掌握。全书着重以理论应用到实践为内涵，加深理论知识的理解、培养实践动手能力、提高素质的教学理念，最后利用所学知识进行综合系统设计，学以致用。本书的内容不但有C语言的最基本部分，还有大量读者感兴趣的针对计算机考试二级的习题，以便开阔学生的视野，增强过级考试的信心，培养程序设计的兴趣。

本书是配合《C语言程序设计(第2版)》主教材编写的辅导教材，共包含三部分内容。习题篇：包括从各参考书及网络上收集、精选的大量习题，并提供详细解答，用以提供学生过级复习资料。实验篇：包括主教材中大部分课后编程习题的参考解答及经典程序，在引导学生编程思路的同时加以启发，帮助学生在掌握理论知识和语法规则的同时，养成良好的编程习惯和风格。课程设计篇：设计两个有实用价值的系统，帮助学生对所学知识进行综合应用。附录A中介绍了国家计算机二级考试模拟环境(C程序设计)，以及考生登录、答题及交卷的过程。

本书内容丰富、实用性强，是学习“C语言程序设计”的一本好书。既适合高等学校师生使用，也可供计算机等级考试复习应考和各种技能培训使用。

参与本书编写工作的还有陈刚、高云、徐蕾、宋涛、刘继老师，对大家一并表示感谢。本书在成稿过程中用到大量网络资源，这里对资源提供者表示感谢。由于时间仓促，错误在所难免，希望读者提出宝贵意见和建议。

编　者

2014年5月

## 第1部分　习　题　篇

## 第2部分 实验篇

## 第 3 部分　课程设计篇

# 第1部分

# 习 题 篇

# 第1章　C语言基础知识

## 1.1 选　择　题

1. 一个C程序是由(　　)。

   A. 一个主程序和若干子程序组成的　　B. 一个或多个函数组成的

   C. 若干过程组成的　　D. 若干子程序组成的

2. C语言程序构成的基本单位是(　　)。

   A. 程序行　　B. 语句　　C. 函数　　D. 字符

3. 下列说法中,错误的是(　　)。

   A. 每个语句必须独占一行,语句的最后可以是一个分号,也可以是一个回车换行符号

   B. 每个函数都有一个函数头和一个函数体,主函数也不例外

   C. 主函数只能调用用户函数或系统函数,用户函数可以相互调用

   D. 程序是由若干个函数组成的,但是必须有、而且只能有一个主函数

4. 以下说法中正确的是(　　)。

   A. C语言程序总是从第一个定义的函数开始执行

   B. 在C语言程序中,要调用的函数必须在main( )函数中定义

   C. C语言程序总是从main( )函数开始执行

   D. C语言程序中的main( )函数必须放在程序的开始部分

5. C编译程序是(　　)。

   A. C程序的机器语言版本　　B. 一组机器语言指令

   C. 将C源程序编译成目标程序　　D. 由制造厂家提供的一套应用软件

6. 下列字符序列中,不可用作C语言标识符的是(　　)。

   A. abc123　　B. no.1　　C. _123_　　D. _ok

7. 请选出可用作C语言用户标识符的一组标识符(　　)。

| A. void | B. a3_b3 | C. For | D. 2a |
|---|---|---|---|
| define | _123 | -abc | DO |
| WORD | IF | Case | sizeof |

8. 不属于C语言关键字的是(　　)。

   A. int　　B. break　　C. while　　D. character

9. 以下是C语言提供的合法关键字的是(　　)。

   A. Float　　B. signed　　C. integer　　D. Char

10. 以下不能定义为用户标识符的是(　　)。

A. scanf　　B. Void　　C. _3com_　　D. int

11. 以下选项中,合法的用户标识符是(　　)。

A. long　　B. _2abc　　C. 3dmax　　D. A.dat

12. C语言中非空的基本数据类型包括(　　)

A. 整型、实型、逻辑型　　B. 整型、实型、字符型

C. 整型、字符型、逻辑型　　D. 整型、实型、逻辑型、字符型

13. 已知大写字母A的ASCII值是65,小写字母a的ASCII值是97,则用八进制表示的字符常量'\101'是(　　)。

A. 字符A　　B. 字符a　　C. 字符c　　D. 非法的常量

14. 以下选项中,合法转义字符的选项是(　　)。

A. '\\'　　B. '\018'　　C. 'xab'　　D. '\abc'

15. 以下选项中,正确的字符常量是(　　)。

A. "F"　　B. '\\''　　C. 'W'　　D. ''

16. 下列变量定义中合法的是(　　)。

A. short _a=1-.1e-1;　　B. double b=1+5e2.5;

C. long do=0xfdaL;　　D. float 2_and=1-e-3;

17. 与数学式子$\frac{9x^n}{2x-1}$对应的C语言表达式是(　　)。(注:pow(x,n)表示$x^n$)

A. 9*x^n/(2*x-1)　　B. 9*x**n/(2*x-1)

C. 9*pow(x,n)*(1/(2*x-1))　　D. 9*pow(n,x)/(2*x-1)

18. 已知各变量的类型说明如下:

```
int m = 8,n, a, b;
unsigned long w = 10;
double x = 3.14, y = 0.12;
```

则以下符合C语言语法的表达式是(　　)。

A. a+=a-=(b=2)*(a=8)　　B. n=n*3=18

C. x%3　　D. y=float(m)

19. 以下符合C语言语法的赋值表达式是(　　)。

A. a=9+b+c=d+9　　B. a=(9+b, c=d+9)

C. a=9+b, b++, c+9　　D. a=9+b++=c+9

20. 执行下面程序中的输出语句后,输出结果是(　　)。

```
#include<stdio.h>
void main()
{    int a;
     printf("%d\n",(a=3*5,a*4,a+5));
}
```

A. 65　　B. 20　　C. 15　　D. 10

21. 已知字母A的ASCII值为十进制数65,且S为字符型,则执行语句S='A'+'6'-

'3'；后，S 中的值为（　　）。

A. 'D'　　B. 68　　C. 不确定的值　　D. 'C'

22. 在 C 语言中，要求运算数必须是整型的运算符是（　　）。

A. /　　B. ++　　C. *=　　D. %

23. 若有说明语句：char s='\72'；则变量 s（　　）。

A. 包含一个字符　　B. 包含两个字符

C. 包含三个字符　　D. 说明不合法，s 的值不确定

24. 若有定义：int m=7；float x=2.5，y=4.7；则表达式 x+m%3*(int)(x+y)%2/4 的值是（　　）。

A. 2.500000　　B. 2.750000　　C. 3.500000　　D. 0.000000

25. 在 C 语言中，char 型数据在内存中的存储形式是（　　）。

A. 补码　　B. 反码　　C. 原码　　D. ASCII 码

26. 表达式 13/3*sqrt(16.0)/8 的数据类型是（　　）。

A. int　　B. float　　C. double　　D. 不确定

27. 设以下变量均为 int 类型，则值不等于 7 的表达式是（　　）。

A. (m=n=6，m+n，m+1)　　B. (m=n=6，m+n，n+1)

C. (m=6，m+1，n=6，m+n)　　D. (m=6，m+1，n=m，n+1)

28. 假设所有变量均为整型，则表达式(x=2，y=5，y++，x+y)的值是（　　）。

A. 7　　B. 8　　C. 6　　D. 2

29. 下面程序的输出是（　　）。

```
#include<stdio.h>
void main()
{  int x = 023;
   printf("%d\n", --x);
}
```

A. 17　　B. 18　　C. 23　　D. 24

30. 下面程序的输出是（　　）。

```
#include<stdio.h>
void main()
{  int x = 10,y = 3;
   printf("%d\n",y = x/y);
}
```

A. 0　　B. 1　　C. 3　　D. 不确定的值

31. 以下程序的输出结果是（　　）。

```
#include<stdio.h>
void main()
{  int x = 10,y = 10;
   printf("%d %d\n",x-- , --y);
}
```

A. 10 10　　B. 9 9　　C. 9 10　　D. 10 9

32. 阅读下面的程序：

```
#include<stdio.h>
void main()
{
  int i,j,m,n;
  i=8;j=10;
  m=++i;
  n=j++;
  printf("%d,%d,%d,%d",i,j,m,n);
}
```

程序的运行结果是(　　)。

A. 8,10,8,10　　B. 9,11,8,10　　C. 9,11,9,10　　D. 9,10,9,11

33. 已知 s 是字符型变量，下面正确的赋值语句是(　　)。

A. s='abc';　　B. s='\08';　　C. s='\xde';　　D. s="\";

34. 若有以下定义，则正确的赋值语句是(　　)。

```
int x,y;
float z;
```

A. x=1,y=2,　　B. x=y=100　　C. x++;　　D. x=int (z);

35. 已知 s 是字符型变量，下面不正确的赋值语句是(　　)。

A. s='\012';　　B. s= 'u+v';　　C. s='1'+'2';　　D. s=1+2;

36. 设 x、y 均为 float 型变量，则不正确的赋值语句是(　　)。

A. ++x ;　　B. x*=y-2;　　C. y=(x%3)/10;　　D. x=y=0;

37. 若已定义 x 和 y 是整型变量，x=2;，则表达式 y=2.75+x/2 的值是(　　)

A. 5.5　　B. 5　　C. 3　　D. 4.0

38. 设有如下定义：

```
int x=10,y=3,z;
```

则语句

```
printf("%d\n",z=(x%y,x/y));
```

的输出结果是(　　)。

A. 1　　B. 0　　C. 4　　D. 3

39. putchar 函数可以向终端输出一个(　　)。

A. 整型变量表达式值　　B. 字符串

C. 实型变量值　　D. 字符或字符型变量值

40. 以下程序段的输出结果是(　　)。

```
int a=12345; printf("%2d\n", a);
```

A. 12　　B. 34

C. 12345　　D. 提示出错、无结果

41. 若 x 和 y 均定义为 int 型，z 定义为 double 型，以下不合法的 scanf()函数调用语句为(　　)。

A. scanf("%d%lx,%le",&x,&y,&z);

B. scanf ("%2d * %d%lf", &x, &y, &z);

C. scanf("%x% * d%o", &x,&y);

D. scanf("%x%o%6.2f", &x,&y,&z);

42. 有如下程序段：

```
int  x1,x2;
char  y1,y2;
scanf("%d%c%d%c",&x1,&y1,&x2,&y2);
```

若要求 x1、x2、y1、y2 的值分别为 10、20、A、B，正确的数据输入是(　　)。(注：␣代表空格)

A. 10A␣20B　　　　B. 10␣A20B

C. 10␣A␣20␣B　　　　D. 10A20␣B

43. 若变量已正确说明为 float 类型，要通过语句 scanf("%f %f%f", &a, &b, &c); 给 a 赋予 10.0，给 b 赋予 22.0，给 c 赋予 33.0，以下不正确的输入形式为(　　)。

A. 10<回车><br>22<回车><br>33

B. 10.0,22.0,33.0<回车>

C. 10.0<回车><br>22.0　33.0<回车>

D. 10　22<回车><br>33<回车>

44. 有如下程序，若要求 x1、x2、y1、y2 的值分别为 10、20、A、B，正确的数据输入是(　　)。(注：␣代表空格)

```
int  x1,x2;
char  y1,y2;
scanf("%d%d",&x1,&x2);
scanf("%c%c", &y1,&y2);
```

A. 1020AB　　B. 10␣20␣ABC　　C. 10␣20<br>AB　　D. 10␣20AB

45. 已有定义 int a=-2; 和输出语句：printf("%8lx",a); 以下正确的叙述是(　　)。

A. 整型变量的输出格式符只有%d 一种

B. %x 是格式符的一种，它可以适用于任何一种类型的数据

C. %x 是格式符

D. %8lx 不是错误的格式符，其中数字 8 规定了输出字段的宽度

46. 下面程序的输出是(　　)。

```
#include<stdio.h>
void main()
{   int k=11;
   printf("k=%d,k=%o,k=%x\n",k,k,k);
```

```
}
```

A. k=11,k=12,k=11　　B. k=11,k=13,k=13

C. k=11,k=013,k=0xb　　D. k=11,k=13,k=b

47. 有如下程序段,对应正确的数据输入是(　　)。

```
float x,y;
scanf("%f%f", &x,&y);
printf("a=%f,b=%f", x,y);
```

A. 2.04<回车>
   5.67　<回车>

B. 2.04,5.67<回车>

C. A=2.04,B=5.67<回车>　　D. 2.055.67<回车>

48. 有如下程序段,从键盘输入数据的正确形式应是(　　)。(注:␣代表空格)

```
float  x,y,z;
scanf("x=%d,y=%d,z=%d",&a,&y,&z);
```

A. 123　　B. x=1,y=2,z=3

C. 1,2,3　　D. x=1␣y=2␣z=3

49. 以下程序的执行结果是(　　)。

```
#include <stdio.h>
void  main()
{   int x=2,y=3;
   printf("x=%%d,y=%%d\n",x,y);
}
```

A. x=%2,y=%3　　B. x=%%d,y=%%d

C. x=2,y=3　　D. x=%d,y=%d

50. 以下程序的输出结果是(　　)。(注:␣代表空格)

```
#include <stdio.h>
void  main()
{  printf("\nstring1=%15s*", "programming");
   printf("\nstring2=%-5s*", "boy");
   printf("string3=%2s*", "girl");
}
```

A. string1=programming␣␣␣␣*
   string2=boy*
   string3=gi*

B. string1=␣␣␣␣programming*
   string2=boy␣␣*string3=gi*

C. string1=programming␣␣␣␣*
   string2=␣␣boy*string3=girl*

D. string1=␣␣␣␣programming*
   string2=boy␣␣*string3=girl*

51. 根据题目中已给出的数据的输入和输出形式,程序中输入输出语句的正确内容是(　　)。

```
#include <stdio.h>
void  main()
```

```
{   int a;
    float b;
    输入语句
    输出语句
}
```

输入形式：1␣2.3<回车>(注：␣代表空格)

输出形式：a+b=3.300

A. scanf("%d%f",&a,&b);
   printf("\na+b=%5.3f",a+b);

B. scanf("%d%3.1f",&a,&b);
   printf("\na+b=%f",a+b);

C. scanf("%d,%f",&a,&b);
   printf("\na+b=%5.3f",a+b)

D. scanf("%d%f",&a,&b);
   printf("\na+b=%f",a+b);

52. 阅读以下程序，如果输入数据的形式为：12,34，则正确的输出结果为(　　)。

```
#include <stdio.h>
void main()
{   int a,b;
    scanf("%d%d", &a,&b);
    printf("a+b=%d\n",a+b);
}
```

A. a+b=46　　B. 有语法错误　　C. a+b=12　　D. 不确定值

## 1.2　填　空　题

1. 结构化设计中的三种基本结构是________、________、________。
2. 一个函数由两部分组成，它们是________、________。
3. C语言是通过________来进行输入和输出的。
4. 以下程序的执行结果是________。

```
#include <stdio.h>
void  main()
{   char s='b';
    printf("dec:%d,oct:%o,hex:%x,ASCII:%c\n", s,s,s,s);
}
```

5. 以下程序的执行结果是________。

```
#include <stdio.h>
void  main()
{   char c='c'+5;
printf("c=%c\n",c);
}
```

6. 以下程序输入1␣2␣3后的执行结果是________。(注：␣代表空格)

```
#include <stdio.h>
void  main()
{   int i,j;
```

```
    char k;
    scanf("%d%c%d",&i,&k,&j);
    printf("i=%d,k=%c,j=%d\n",i,k,j);
}
```

7. 有以下程序,若输入为 9876543210,则执行结果是________；若输入为 98␣76␣543210,则执行结果是________;若输入为 987654␣3210,则执行结果为________。(注:␣代表空格)

```
#include <stdio.h>
void  main()
{   int x1,x2;
    char y1,y2;
    scanf("%2d%3d%3c%c",&x1,&x2,&y1,&y2);
    printf("x1=%d,x2=%d,y1=%c,y2=%c\n",x1,x2,y1,y2);
}
```

8. 有如下程序段,输入数据:12345ffl678 后,u 的值是________,v 的值是________。

```
int  u;
float  v;
scanf("%3d%f",&u,&v);
```

## 1.3 答　　案

**一、选择题答案**

1. B

2. C

3. A 【解析】一个C程序是由一个或多个函数组成的,每个函数由若干条语句组成,一条语句可以写在多行上,一行也可以写多条语句,语句以分号作为结束标志。

4. C 【解析】C语言程序必须有且只有一个 main 函数,总是从 main( )函数开始执行。

5. C 【解析】C编译程序是将编程者所编辑的高级语言代码编译成机器所识别的二进制目标代码。

6. B 【解析】标识符中出现非法字符“.”。

7. B 【解析】选项 A:define 是关键字。选项 C:-abc 出现非法字符-。选项 D:2a 数字开头了。

8. D

9. B

10. D 【解析】是关键字。

11. B

12. B 【解析】不是 void 的基本数据类型,这里C语言基本数据类型不包括逻辑型。

13. A 【解析】可以用 1～3 位八进制的转义字符表示字符常量,$(101)_8=(65)_{10}$。

14. A 【解析】选项 B:用 3 位八进制表示转义字符,出现的 8 不是八进制的数码。选项C不是转义字符形式。选项D：用转义字符表示字符时，最多只能出现2位十六进制。

15. C 【解析】字符常量的直接表示就是用一对单引号引起来的单个字符。

16. A 【解析】该题考查标识符的命名规则和浮点型常量的表示规定。选项A：变量被赋值是1减去0.1e-1。选项B：e指数表示时e的后面必须是整数。选项C：do是关键字不能作为标识符；选项D：标示符错误。

17. C

18. A 【解析】选项B：将18赋给表达式了。选项C：%的操作数必须为整型。选项D：强制转换时应该是(float)m。

19. B 【解析】选项A：不能给表达式赋值。选项C：是个逗号表达式。选项D：不能给表达式赋值。

20. B 【解析】输出的是逗号表达式的值。

21. A

22. D

23. A 【解析】用转义字符表示字符常量。

24. A 【解析】表达式变为：2.5+7%3*7%2/4=2.5+1*7%2/4=2.5+1/4=2.5+0=2.500000，结果为浮点型，浮点型小数后默认保留6位小数。

25. D

26. C 【解析】16.0是double型，不同数据类型的变量进行算术混合运算时结果为最高精度。

27. C

28. B 【解析】逗号表达式。

29. B 【解析】x八进制转化为十进制是19，先减后输出。

30. C 【解析】取整。

31. D 【解析】x--先输出后减；--y先减后输出。

32. C

33. C 【解析】转义字符的使用。

34. C 【解析】选项A：不是语句。选项B：赋值表达式，不是语句。选项D：强制转换数据类型必须加(　　)。

35. B 【解析】字符变量s不能放3个字符。

36. C 【解析】%的操作数必须为整型。

37. C 【解析】2.75+x/2=2.75+1=3.75，但是y是整型变量，只能接收整数部分，因此结果为3。

38. D

39. D

40. C 【解析】输出时如果指定宽度小于输出项的实际宽度，按实际宽度输出。

41. D 【解析】输入时double型必须用%lf，且输入时不能指定精度。

42. A 【解析】使用scanf输入时空格作为有效字符被字符型变量接收。

43. B 【解析】scanf输入时必须严格按照格式控制字符串的要求进行输入，对于数值型数据输入时默认以空格、回车作为分隔符。选项的输入使对应变量得不到正确的值。

44. D 【解析】选项A：数值10和20没分开。选项B：20后的空格被y1吸收。选项C：20后的回车被y1吸收。

45. D 【解析】%x是格式符，控制整型输出项用十六进制表示。选项C说明不如D准确、全面。

46. D 【解析】在C语言中整型数可以按十进制%d，八进制%o，十六进制%x形式输出。

47. A

48. B 【解析】输入时必须按照控制字符串要求。

49. D 【解析】输出时%%只输出一个%。

50. D 【解析】考查输出时格式控制字符串左对齐和右对齐。

51. A 【解析】通过输入形势判断输入控制字符串以空格为分隔符，选项C不对；选项B输入时指定了精度也不对；再看输出形式保留3位小数，默认是保留6位小数，因此只有A正确。

52. A

**一、填空题答案**

1. 顺序结构　选择结构　循环结构

2. 函数头　函数体

3. 输入和输出函数

4. dec:98,oct:142,hex:62,ASCII:b 解析：以十进制、八进制、十六进制和ASCII形式输出字符变量的值，说明字符通过对应的ASCII值与整数之间进行互换。

5. c=h 【解析】输出字符c后的第5个字符。

6. i=1,k=␣,j=2 【解析】空格是有效字符。

7. 第一种情况的执行结果：x1=98,x2=765,y1=4,y2=1

第二种情况的执行结果：x1=98,x2=76,y1=␣,y2=3

第三种情况的执行结果：x1=98,x2=765,y1=4,y2=2

8. 123　45.000000

# 第2章 选择结构

## 2.1 选 择 题

1. 若要求在 if 后一对圆括号中表示 a 不等于 0 的关系，则能正确表示这一关系的表达式为(　　)。

   A. a<>0　　　　B. !a　　　　C. a=0　　　　D. a

2. 设 x、y 和 z 都是 int 类型变量，且 x=3，y=4，z=5，则下面的表达式中，值为 0 的表达式为(　　)。

   A. 'x' && 'y'　　　　B. x<=y

   C. x || y+z && y-z　　　　D. !((x<y)&&!z || 1)

3. 为表示关系 x≥y≥z，应使用 C 语言表达式(　　)。

   A. (x>=y)&&(y>=z)　　　　B. (x>=y)AND(y>=z)

   C. (x>=y>=z)　　　　D. (x>=y) & (y>=z)

4. 设 a=5，b=6，c=7，d=8，m=2，n=2，则执行(m=a>b) && (n=c>d)后 n 的值为(　　)。

   A. 1　　　　B. 2　　　　C. 3　　　　D. 4

5. 设 a 为整型变量，不能正确表达数学关系 10<a<15 的 C 语言表达式是(　　)。

   A. 10<a<15

   B. a==11 || a==12 || a==13 || a==14

   C. a>10&&a<15

   D. !(a<=10)&&!(a>=15)

6. 选择出合法的 if 语句(设 int x,a,b,c;)(　　)。

   A. if(a=b) c++;　　　　B. if(a=<b) c++;

   C. if(a<>b) c++;　　　　D. if(a=>b) c++;

7. 判断 char 型变量 s 是否为小写字母的正确表达式是(　　)。

   A. 'a' <= s<='z'　　　　B. (s>='a') & (s<='z')

   C. (s>='a') && (s<='z')　　　　D. ('a'<=s) and ('z'>=s)

8. 已知 x=45，y='a'，z=0；则表达式(x>=z && y<'z' || !y)的值是(　　)。

   A. 0　　　　B. 语法错　　　　C. 1　　　　D. "假"

9. 有以下程序：

```
#include <stdio.h>
```

```
void main( )
{  int a,b,c=246;
   a=c/100%9;
   b=(-1)&&(-1);
   printf("%d,%d\n",a,b);
}
```

输出结果是(　　)。

A. 2,1　　B. 3,2　　C. 4,3　　D. 2,-1

10. 指出下列程序段所表示的逻辑关系是(　　)。

```
if(a<b)
{  if(c==d)
     x=10;
}
else
x=-10;
```

A. $x=\begin{cases}10 & a<b \text{ 且 } c=d \\ -10 & a\geqslant b \text{ 且 } c\neq d\end{cases}$

B. $x=\begin{cases}10 & a<b \text{ 且 } c=d \\ -10 & a\geqslant b\end{cases}$

C. $x=\begin{cases}10 & a<b \text{ 且 } c=d \\ -10 & a<b \text{ 且 } c\neq d\end{cases}$

D. $x=\begin{cases}10 & a<b \text{ 且 } c=d \\ -10 & c\neq d\end{cases}$

11. 以下程序的输出结果是(　　)。

```
void  main( )
{  int a=100;
   if (a>100)   printf("%d\n",a>100);
   else  printf("%d\n",a<=100);
}
```

A. a<=100　　B. 100　　C. 0　　D. 1

12. 有一函数：$y=\begin{cases}-1 & x<0 \\ 0 & x=0 \\ 1 & x>0\end{cases}$，以下程序段中不能根据 x 值正确计算出 y 值的是(　　)。

A.
```
if (x>0) y=1;
else  if (x==0) y=0;
      else y= -1;
```

B.
```
y=0;
if (x>0) y=1;
else  if (x<0) y= -1;
```

C.
```
y=0;
if (x>=0)
  if(x>0) y=1;
else y= -1;
```

D.
```
if (x>=0)
if (x>0) y=1;
 else y=0;
else y= -1;
```

13. 下列程序的执行结果是(　　)。

```
#include <stdio.h>
void main( )
{  int x=0,y=1,z=0;
   if (x=z=y)
     x=3;
```

```
    printf("%d,%d\n",x,z);
}
```

A. 3,0　　B. 0,0　　C. 0,1　　D. 3,1

14. 运行下面的程序时,若从键盘输入数据为"6,5,7<CR>",则输出结果是(　　)。

```
#include <stdio.h>
void main( )
{   int a,b,c;
    scanf("%d,%d,%d",&a,&b,&c);
    if (a>b)
        if (a>c)
          printf("%d\n",a);
        else
          printf("%d\n",c);
    else
        if (b>c)
           printf("%d\n",b);
        else
          printf("%d\n",c);
}
```

A. 5　　B. 6　　C. 7　　D. 不定值

15. 以下程序的运行结果是(　　)。

```
#include <stdio.h>
void  main()
{ int a=1;
   if (a++>1) printf("%d\n", a);
   else      printf("%d\n", a--);
}
```

A. 0　　B. 1　　C. 2　　D. 3

16. 执行下面的程序时,若从键盘输入"2<CR>",则程序的运行结果是(　　)。

```
#include <stdio.h>
void main( )
{   int k; char cp;
    cp=getchar( );
    if (cp>='0' && cp<='9')
        k=cp-'0';
    else if (cp>='a' && cp<='f')
        k=cp-'a'+10;
    else  k=cp-'A'+10;
    printf("%d\n",k);
}
```

A. 2　　B. 4　　C. 1　　D. 10

17. 运行下面的程序时,从键盘输入"2.0<CR>",则输出结果是(　　)。

```
#include <stdio.h>
```

```
void main( )
{    float a,b;
     scanf("%f",&a);
     if (a<0.0) b=0.0;
     else if ((a<0.5) && (a!=2.0))  b=1.0/(a+2.0);
          else if (a<10.0) b=1.0/2;
               else b=10.0;
     printf("%f\n",b);
}
```

A. 0.000000　　B. 0.500000　　C. 1.000000　　D. 0.250000

18. 运行下面的程序时,从键盘输入"12,34,9<CR>",则输出结果是(　　)。

```
#include <stdio.h>
void main( )
{  int x,y,z;
   scanf("%d,%d,%d",&x,&y,&z);
   if (x<y)
      if (y<z)printf("%d\n",z);
      else printf("%d\n",y);
   else if (x<z)printf("%d\n",z);
      else printf("%d\n",x);
}
```

A. 34　　B. 12　　C. 9　　D. 不确定的值

19. 执行以下程序段后,变量 x,y,z 的值分别为(　　)。

```
int a=1,b=0, x, y, z;
x=(--a==b++)?--a: ++b;
y=a++;
z=b;
```

A. x=0,y=0,z=0　　B. x=−1,y=−1,z=1
C. x=0,y=1,z=0　　D. x=−1,y=2, z=1

20. 若 a、b、c、d、w 均为 int 类型变量,则执行下面语句后,w 的值是(　　)。

```
a=1;b=2;c=3;d=4;
w=(a<b)?a : b;
w=(w<c)?w : c;
w=(w<d)?w : d;
```

A. 1　　B. 2　　C. 3　　D. 4

21. 有以下程序,程序运行后的输出结果是(　　)。

```
#include <stdio.h>
void  main()
{
  int a=15, b=21, m=0;
  switch (a%3)
  {  case 0: m++; break;
     case 1: m++;
```

```
      switch (b%2)
      {  default: m++;
         case 0: m++; break;
      }
   }
   printf("%d\n",m);
}
```

A. 1　　　　B. 2　　　　C. 3　　　　D. 4

22. 假定等级和分数有以下对应关系：

等级：A　分数：85—100 分

等级：B　分数：60—84 分

等级：C　分数：60 分以下

对于等级 grade 输出相应的分数区间，能够完成该功能的程序段是(　　)。

A.
```
switch (grade)
{  case 'A' : printf("85—100\n");
   case 'B' : printf("60—84\n");
   case 'C' : printf("<60\n");
   default:   printf("grade is error!\n");
}
```

B.
```
switch (grade)
{  case 'A' : printf("85—100\n");
              break;
   case 'B' : printf("60—84\n");
   case 'C' : printf("<60\n");
   default:   printf("grade is error!\n");
}
```

C.
```
switch (grade)
{  case 'A' : printf("85—100\n");
              break;
   case 'B' : printf("60—84\n");
              break;
   case 'C' : printf("<60\n");
   default:   printf("grade is error!\n");
}
```

D.
```
switch (grade)
{  case 'C' : printf("<60\n");
          break;
   case 'B' : printf("60—84\n");
          break;
   default:   printf("grade is error!\n");
          break;
   case 'A' : printf("85—100\n");
}
```

23. 以下程序的运行结果是(　　)。

```
#include <stdio.h>
```

```
void  main()
{
   int a = 2,b =  - 1,c = 2;
   if (a<b)
   if (b<0)
       c = 0;
   else c++;
     printf(" %d\n",c);
}
```

A. 0　　B. 1　　C. 2　　D. 3

24. 以下程序的执行结果是(　　)。

```
#include <stdio.h>
  void main( )
  { int x = 1,y = 0;
    switch (x)
    {
      case 1:
            switch (y)
            {
             case 0:printf("first\n");break;
             case 1:printf("second\n");break;
            }
      case 2:printf("third\n");
    }
  }
```

A. first<br>second　　B. first<br>third　　C. first　　D. second<br>third

25. 有以下程序,若输入为字符 s,则程序运行结果为(　　)。

```
#include <stdio.h>
void  main()
 {
  char ch;
  ch = getchar();
  switch (ch)
  {  case 'a': printf("a = %c\n",ch);
     default: printf("end!\n");
     case 'b': printf("b = %c\n",ch);
     case 'c': printf("c = %c\n",ch);
  }
}
```

A. end!<br>b=s<br>c=s　　B. end!　　C. 有语法错误　　D. a=s<br>end!

## 2.2 填 空 题

1. 定义 int x=10,y,z;执行 y=z=x; x=y==z; 后,x 的结果是________。
2. 若从键盘输入 45,则输出结果是________。

```
#include <stdio.h>
void  main()
{
int a;
  scanf(" %d", &a);
  if (a>50)  printf(" %d", a);
     if (a>40)   printf(" %d",a);
        if (a>30)  printf(" %d",a);
}
```

3. 定义 int x,y; 执行 y=(x=1,++x,x+2);后, y 的值是________。
4. 以下程序的运行结果是________。

```
#include <stdio.h>
void  main()
{
    int a,b,c,s,w,t;
    s = w = t = 0;
    a =  -1; b = 3; c = 3;
    if (c>0) s = a + b;
    if (a<=0)
    {  if (b>0)
         if (c<=0)   w = a - b;
    }
    else  if (c>0) w = a - b;
           else t = c;
    printf(" %d   %d   %d", s,w,t);
}
```

5. 以下程序的运行结果是________。

```
#include <stdio.h>
void  main()
 {
  int a,b,c,d,e;
  a = c = 1;
  b = 20;
  d = 100;
  if (!a)   d = d++;
  else   if (!b)
         if (d)   d =  --d;
         else    d = d--;
  printf(" %d\n\n", d);
 }
```

6. 以下程序的运行结果是________。

```
#include <stdio.h>
void  main()
 {
  int a, b= 250, c;
  if ((c=b)<0)   a=4;
  else if (b=0)  a=5;
      else       a=6;
  printf("\t%d\t%d\n",a,c);
  if (c=(b==0))
      a=5;
  printf("\t%d\t%d\n",a,c);
  if (a=c=b)    a=4;
  printf("\t%d\t%d\n",a,c);
 }
```

7. 下面程序根据以下函数关系，对输入的每个 x 值，计算出 y 值。请在【】内填空。

$$y=\begin{cases}x(x+2) & 2<x\leqslant 10\\ 1/x & -1<x\leqslant 2\\ x-1 & x\leqslant -1\end{cases}$$

```
#include <stdio.h>
void  main()
  {
    int x,y;
    scanf("%d", &x);
    if ( 【1】 )              y=x*(x+2);
    else if ( 【2】 )         y=1/x;
    else if (x<= -1)         y=x-1;
    else 【3】 ;
    if (y!=  -1)             printf("%d",y);
    else                     printf("error");
}
```

8. 以下程序根据输入的三角形的三边判断是否能组成三角形，若可以则输出它的面积和三角形的类型。请在【】内填入正确内容。

```
#include  <math.h>
#include  <stdio.h>
void  main()
{
  float a,b,c,s,area;
  printf("please input three edges of a triangle:");
  scanf("%f%f%f",&a,&b,&c);
  if ( 【1】 )
  { s=(a+b+c)/2;
    area=sqrt(s*(s-A*(s-B*(s-c));
    printf("\nthe area of the triangle is: %f",area);
    if ((a==b)&&(b==c))
       printf("等边三角形");
```

```
    else if ( 【2】 )
       printf("等腰三角形"):
    else if ( 【3】 )
        printf("直角三角形"):
    else printf("一般三角形"):
  }
  else  printf("不能组成三角形");
}
```

9. 以下程序是对用户输入的字母进行大小写转换。请在【】内填入正确内容。

```
#include <stdio.h>
void  main()
{
   char ch;
   printf("please input a letter:");
   scanf("%c",&ch);
   if ( 【1】 )   ch=ch+32;
   else  if (ch>='a' && ch<='z')
           【2】;
   printf(" the converted letter is: %c\n",ch);
}
```

10. 以下程序是对从键盘输入的任何三个整数求出其中的最小值。请在【】内填入正确内容。

```
#include <stdio.h>
void  main()
{
   int a,b,c,min;
   printf("please input three numbers:");
   scanf("%d%d%d",&a,&b,&c);
   if ( 【1】 )
     min=b;
   else
     min=a;
   if (min>c)
     【2】;
   printf("min=%d\n",min);
}
```

11. 以下程序实现这样的功能：商店卖西瓜，10 千克以上的每千克 0.15 元，8 千克以上的每千克 0.3 元，6 千克以上的每千克 0.4 元，4 千克以上的每千克 0.6 元，4 千克以下的每千克 0.8 元，从键盘输入西瓜的重量和顾客所付钱数，则输出应付款和应找钱数。请在【】内填入正确内容。

```
#include <stdio.h>
void  main()
{
  float weight, money, rate;
  printf("the paid money of the client is:");
```

```
    scanf(" % f",&money);
    printf("the weight of the watermelon is:");
    scanf(" % f",&weight);
    if ( 【1】 )
          rate = 0.15;
    else if (weight > 8)
          rate = 0.3;
    else if (weight > 6)
          【2】 ;
    else if (weight > 4)
          rate = 0.6;
    【3】
          rate = 0.8;
    printf("the account payable of the watermelon is % f\n", weight * rate);
    printf("the change for client is % f\n",money - weight * rate);
}
```

12. 以下程序段的运行结果是________。

```
#include <stdio.h>
void  main()
{
   char  ch1 = 'a',ch2 = 'A';
   switch (ch1)
   { case 'a':
        switch (ch2)
         {case 'A': printf("good!\n"); break;
          case 'B': printf("bad!\n");  break;
          }
          case 'b': printf("joke\n");
   }
}
```

13. 以下程序的功能是判断输入的年份是否是闰年。请在【】内填入正确内容。

```
#include <stdio.h>
void  main()
{
   int year, flag;
   printf("please input the year to jude whether it is a leap year:");
   scanf(" % d",&year);
   if (year % 400 == 0)    flag = 1;
   else if ( 【1】 )       flag = 1;
   else 【2】 ;
   if (flag)  printf(" % d is a leap year\n",year);
   else      printf(" % d is not a leap year!\n",year);
}
```

14. 以下程序实现的功能是：从键盘输入某年某月，输出该年份该月的天数。请在【】内填入正确内容。

```
#include <stdio.h>
```

```
void  main()
{
  int year, month, days, leap;
  printf("please input both year and month:");
  scanf("%4d/%2d",&year,&month);
  switch ( 【1】 )
  { case 1:
    case 3:
    case 5;
    case 7:
    case 8:
    case 10:
    case 12: days = 31;
               【2】
    case 4:
    case 6:
    case 9:
    case 11: days = 30;
               break;
    case 2: if (year % 400 == 0) leap = 1;
            else if (year % 4 == 0 && year % 100!= 0) leap = 1;
            else 【3】;
                if (leap)
                    days = 29;
                else
                    days = 28;
    }
    printf("%d年%d月的天数为%d\n", year, month, days);
}
```

15. 执行以下语句后，x、y 和 z 的值分别为________。

```
int x,y,z;
x = y = z = 0;
++x || ++y && ++z;
```

16. 以下程序运行后的输出结果是________。

```
#include <stdio.h>
void  main()
{
  int x = 10, y = 20, t = 0;
  if (x == y) t = x; x = y; y = t;
  printf("%d, %d\n",x,y);
}
```

## 2.3 答　　案

### 一、选择题答案

1. D 【解析】意思是 a 不为 0 为真，为 0 时为假。选项 A 符号不正确；选项 B 逻辑与要求相反；选项C变量a被赋值为0,永远为假。

2. D

3. A 【解析】逻辑与表示。

4. B 【解析】逻辑短路。

5. A

6. A

7. C

8. C

9. A

10. B 【解析】else与if(a<b)配对。

11. D 【解析】a≤100逻辑值为真,用数值1表示。

12. C 【解析】if和else的配对。

13. D

14. C 【解析】if的嵌套和else的配对。

15. C

16. A 【解析】k=cp-'0';能实现将数值型字符转化为对应的数值的作用。

17. B 【解析】if的多分支结构。

18. A

19. B 【解析】条件运算符的使用,条件表达式的求值。

20. A

21. A 【解析】a%3=0,执行case 0情况,然后执行break语句跳出整个switch语句。

22. D 【解析】switch结构的使用。某个case后如果没有遇到break语句,执行完该case后不能跳出switch,而是不作判断接着向下继续执行其他的case语句。

23. C 【解析】此题的配对关系必须明白,else分支与if(a<b)是一对。if(b<0)是if(a<b)判断能否执行的语句。

24. B 【解析】switch的嵌套,case 1后的执行语句是switch语句,而且后面没有break语句。针对本题,x=1执行case 1后的语句switch,执行内嵌的switch时,y=0,执行里面的case 0后的语句,输出first,遇到break语句,跳出该内嵌switch,即执行完case 1语句,然而没有遇到break语句,不能跳出外面的switch结果,接着执行case 2后的语句,输出third。

25. A

**二、填空题答案**

1. 1 【解析】先求出关系表达式的值为1,然后将该值赋给变量x。

2. 4545 【解析】这是三个单分支语句,不要被人为的书写层次所蒙蔽。

3. 4 【解析】将逗号表达式的值赋给变量y。

4. 2　　0　　0 【解析】if的嵌套和多分支。

5. 100 【解析】else的配对关系。

6. 6　　　250

5　　　1

0　　　0

7. 【1】x>2 && x<=10　【2】x>-1 && x<=2　【3】y= -1

8. 【1】(a+b>c) && (b+c>a) &&(a+c>b)

【2】(a==b) || (b==c) || (a==c)

【3】(a * a+b * b==c * c) || (a * a+c * c==b * b) || (b * b+c * c==a * a)

9. 【1】ch>='A' && ch<='Z'　【2】ch=ch-32

10. 【1】a>b　【2】min=c;

11. 【1】weight>10　【2】rate=0.4　【3】else

12. good!

joke

13. 【1】y%100 ==0&& y%4==0 【2】flag=0

14. 【1】month　【2】break;　【3】leap=0;

15. 1,0,0 【解析】逻辑短路。

16. 20,0 【解析】if 只能控制 t=x;语句。

# 第3章 循环结构

## 3.1 选择题

1. 以下叙述正确的是(　　)。

A. continue 语句的作用是结束整个循环的执行

B. 只能在循环体内和 switch 语句体内使用 break 语句

C. 在循环体内使用 break 语句或 continue 语句的作用相同

D. 从多层循环嵌套中退出时，只能使用 goto 语句

2. 在 C 语言中，为了结束 while 语句构成的循环，while 后一对圆括号中表达式的值应该为(　　)。

A. 0　　B. 1　　C. true　　D. 非 0

3. 在 C 语言中，为了结束由 do-while 语句构成的循环，while 后一对圆括号中表达式的值应为(　　)。

A. 0　　B. 1　　C. true　　D. 非 0

4. 对下面程序段描述正确的是(　　)。

```
int x = 0,s = 0;
while (!x!= 0) s += ++x;
printf(" %d",s);
```

A. 运行程序段后输出 0　　B. 运行程序段后输出 1

C. 程序段中的控制表达式是非法的　　D. 程序段循环无数次

5. 下面程序段的运行结果是(　　)。

```
int n = 0;
while (n++<= 2)
    printf(" %d",n);
```

A. 012　　B. 123　　C. 234　　D. 错误信息

6. 下面程序的运行结果是(　　)。

```
#include<stdio.h>
void main()
{   int s = 0,i = 1;
    while (s <= 10)
    {  s = s + i * i;
       i++;
```

```
    }
    printf(" %d", -- i);
  }
```

A. 4　　B. 3　　C. 5　　D. 6

7. 在以下给出的表达式中，与 do-while(E)语句中的(E)不等价的表达式是(　　)。

A. (! E==0)　　B. (E>0 || E<0)

C. (E==0)　　D. (E!=0)

8. 以下程序段(　　)。

```
x = - 1;
  do
  {
    x = x * x;
} while (!x);
```

A. 是死循环　　B. 循环执行两次

C. 循环执行一次　　D. 有语法错误

9. 下面程序段的输出结果是(　　)。

```
x = 3;
 do {   y = x -- ;
      if (!y) {printf(" * ");continue;}
      printf(" # ");
   } while(x = 2);
```

A. ##　　B. ##*

C. 死循环　　D. 输出错误信息

10. 下面程序的运行结果是(　　)。

```
# include < stdio. h >
void main( )
  { int a = 1,b = 10;
    do
     { b -= a;a++;
     } while(b -- < 0);
     printf(" %d, %d\n",a,b);
  }
```

A. 3,11　　B. 2,8　　C. 1,-1　　D. 4,9

11. 下面程序段的运行结果是(　　)。

```
for(i = 1;i <= 5;)
  printf(" %d",i);
  i++;
```

A. 12345　　B. 1234　　C. 15　　D. 无限循环

12. 有如下程序：

```
# include < stdio. h >
```

```
void main( )
{ int i,sum = 0;
   for(i = 1;i <= 3;sum++) sum += i;
   printf("%d\n",sum);
}
```

该程序的执行结果是(　　)。

A. 6　　B. 3　　C. 死循环　　D. 0

13. 下面程序段的运行结果是(　　)。

```
for(x = 10;x > 3;x -- )
{ if(x % 3) x -- ;
   -- x; -- x;
   printf("%d ",x);
}
```

A. 6 3　　B. 7 4　　C. 6 2　　D. 7 3

14. 下面程序的输出结果是(　　)。

```
#include <stdio.h>
void main( )
 { int i;
   for(i = 1;i < 6;i++)
    { if (i % 2!= 0) {printf("#");continue;}
      printf("*");
    }
   printf("\n");
 }
```

A. #*#*#　　B. #####　　C. *****　　D. *#*#*

15. 下面程序的输出结果是(　　)。

```
#include <stdio.h>
void  main( )
 {  int i;
    for(i = 1;i <= 5;i++)
    { if (i % 2) printf("*");
      else continue;
      printf("#");
    }
   printf("$\n");
 }
```

A. *#*#*#$　　B. #*#*#*$

C. #*#*$　　D. *#*#$

16. 下面程序的输出结果是(　　)。

```
#include <stdio.h>
void  main( )
{  int x = 10,y = 10,i;
   for(i = 0;x > 8;y = ++i)
```

```
        printf("%d %d",x--,y);
}
```

A. 10 1 9 2　　B. 9 8 7 6　　C. 10 9 9 0　　D. 10 10 9 1

17. 阅读以下程序,程序运行后的输出结果是(　　)。

```
#include<stdio.h>
void  main( )
  { int x;
    for(x=5;x>0;x--)
       if (x--<5) printf("%d,",x);
       else printf("%d,",x++);  }
```

A. 4,3,2　　B. 4,3,1,　　C. 5,4,2　　D. 5,3,1,

18. 以下程序段的执行结果是(　　)。

```
int i,j,m=0;
for(i=1;i<=15;i+=4)
 for(j=3;j<=19;j+=4)
 m++;
 printf("%d\n",m);
```

A. 12　　B. 15　　C. 20　　D. 25

19. 若 i,j 已定义为 int 类型,则以下程序段中内循环的总的执行次数是(　　)。

```
for (i=5; i; i--)
for (j=0; j<4; j++)
{…}
```

A. 20　　B. 24　　C. 25　　D. 30

20. 运行以下程序后,如从键盘输入 china#,则输出为(　　)。

```
#include <stdio.h>
void  main()
  {
    int v1 = 0,v2 = 0;
    char ch;
    while ( (ch=getchar()) != '# ')
         switch (ch)
         {  case 'a':
            case 'h':
            default: v1++;
            case 'o': v2++;
         }
   printf("%d,%d\n", v1,v2);
 }
```

A. 2,0　　B. 5,0　　C. 5,5　　D. 2,5

21. 下面程序的输出结果是(　　)。

```
#include<stdio.h>
void main()
```

```
{   int x = 3,y = 6,a = 0;
    while (x++ != (y -= 1))
    {   a += 1;
        if (y < x) break;
    }
    printf("x = %d,y = %d,a = %d\n",x,y,a);
}
```

A. x=4,y=4,a=1　　B. x=5,y=5,a=1

C. x=5,y=4,a=3　　D. x=5,y=4,a=1

22. 以下程序的输出结果是(　　)。

```
#include <stdio.h>
void main()
{   int x = 9,y = 9,i;
    for(i = 0;x > 8;y = ++i)
        printf("%d%d",x--,y);
}
```

A. 99　　B. 100　　C. 101　　D. 104

23. 下列程序的输出为(　　)。

```
#include <stdio.h>
void main()
{ int k = 0;char c = 'A';
  do
    {   switch(c++)
        { case 'A':k++;break;
          case 'B':k--;
          case 'C':k += 2;break;
          case 'D':k = k % 2;continue;
          case 'E':k = k * 10;break;
          default:k = k/3;
    }
    k++;
}
while(c<'G');
printf("%d\n",k);
}
```

A. k=3　　B. k=4　　C. k=2　　D. k=0

24. 执行以下程序后输出的结果是(　　)。

```
#include <stdio.h>
void main()
{   int y = 8;
    do{y--;}while(--y);
    printf("%d\n",y--);
}
```

A. −1　　B. 1　　C. 8　　D. 0

25. 下列程序的输出为(　　)。

```
#include<stdio.h>
void main()
{   int i=0,j=0,a=6;
    if((++i>0)||(++j>0))a++;
    printf("i=%d,j=%d,a=%d\n",i,j,a);
}
```

A. i=0,j=0,a=6　　B. i=1,j=1,a=7
C. i=1,j=0,a=7　　D. i=0,j=1,a=7

## 3.2 填　空　题

1. 以下程序运行的结果为________。

```
#include<stdio.h>
void main()
{ int a,b,c,x,y,z;
  a=10;b=2;
  c=!(a%b);x=!(a/b);
  y=(a<b)&&(b>=0);
  z=(a<b)||(b>=0);
  printf("%d,%d,%d,%d\n",c,x,y,z);
}
```

2. 下列程序计算平均成绩并统计 90 分及以上人数,请填空。

```
#include<stdio.h>
void main()
{   int n,m;
    float grade,average;
    average=n=m=【1】;
    while(【2】)
    { scanf("%f",&grade);
      if(grade<0)break;
      n++;
      average+=grade;
      if(grade<90)【3】;
      m++;
    }
    if(n)printf("%.2f%d\n",average/n,m);
    }
```

3. 下面程序是计算 n 个数的平均值,请填空。

```
#include<stdio.h>
void main( )
 { int i,n;
   float x,avg=0.0;
   scanf("%d",&n);
```

```
    for(i = 0;i < n;i++)
     { scanf(" % f",&x);
       avg = avg + 【1】; }
       avg = 【2】;
    printf("avg = % f\n",avg);
  }
```

4. 以下程序运行的结果是________。

```
#include< stdio.h>
void main()
{ int a,b;
  for(a = 1,b = 1;a <= 100;a++)
  { if(b >= 20)break;
    if(b % 3 == 1)
    { b += 3;
    continue;
    }
    b -= 5;
  }
printf(" % d\n",a);
}
```

5. 若输入 4,程序运行结果为【1】,若输入 −4,程序运行结果为【2】,若输入 10,程序运行结果为【3】。

```
#include< stdio.h>
void  main()
{ int x,y;
  scanf(" % d",&x);
  if(x<1)
  { y = x;
    printf("x = % d,y = x = % d\n",x,y);
  }
  else if(x<10)
  { y = 2 * x - 1;
    printf("x = % d,y = 2 * x - 1 = % d\n",x,y);
    }
  else
  { y = 3 * x - 11;
    printf("x = % d,y = 3 * x - 11 = % d\n",x,y);
  }
}
```

6. 此程序运行时,输入 qwert?,程序的运行结果是________。

```
#include< stdio.h>
void main()
{   char c;
    while((c = getchar())!= '?')  putchar(++c);
}
```

7. 以下函数的功能是：求 x 的 y 次方，请填空。

```
#include< stdio.h>
void main()
 { int i,x,y;
   double z;
   scanf("%d %d",&x,&y);
   for(i=1,z=x;i<y;i++)
     z=z*________;
    printf("x^y= %e\n",z);
}
```

8. 函数 pi 的功能是根据以下近似公式求 π 值：(π×π)/6＝1＋1/(2×2)＋1/(3×3)＋…＋1/(n×n)，请填空，完成求 π 的功能。

```
#include <math.h>
void main( )
{ double s=0.0; int i,n;
   scanf("%ld",&n);
   for(i=1;i<=n;i++)
   s=s+________;
   s=(sqrt(6*s));
   printf("s= %e",s);
 }
```

9. 如果输入'1','2','3','4',程序运行输出的是________。

```
#include< stdio.h>
void main()
{ char c;
  int i,k;
  k=0;
  for(i=0;i<4;i++)
  {  while(1)
     { c=getchar();if(c>='0'&&c<='9')break;}
     k=k*10+c-'0';
  }
  printf("k= %d\n",k);
}
```

10. 运行以下程序后，如果从键盘输入 china#＜回车＞，则输出结果为________。

```
#include <stdio.h>
void main()
{   int v1=0,v2=0;
    char ch;
    while ((ch=getchar())!='#')
      switch(ch)
      { case 'a':
         case 'h':
         default: v1++;
         case '0':v2++;
```

```
    }
    printf("%d,%d\n",v1,v2);
}
```



11. 若输入字母 d,程序输出结果为【1】;若输入字符 *,程序将【2】。

```
#include<stdio.h>
void main()
{ char c1,c2;
  c1 = getchar();
  while(c1<97 || c1>122)c1 = getchar();
  c2 = c1 - 32;
   printf("%c,%c\n",c1,c2);
}
```

12. 以下程序运行结果是________。

```
#include<stdio.h>
void main()
{ int i;
  for(i=1;i+1;i++)
  {   if(i>4){printf("%d\t",i++); break; }
      printf("%d\t",i++);
  }
}
```

13. 以下程序运行的结果是________。

```
#include<stdio.h>
void main()
{   int i,k,m,n=0;
    for(m=1;m<=10;m+=2)
    {   if(n%10==0)printf("\n");
        k=sqrt(m);
        for(i=2;i<=k;i++)
             if(m%i==0)break;
        if(i>k)
        {  printf("%2d",m);
           n++;
        }
    }
}
```

14. 以下程序运行的结果是________。

```
#include<stdio.h>
void main()
{   int i=1;
    while(i<10)
    if(++i%3!=1)continue;
    else printf("%d",i);
}
```

15. 对以下程序：

当输入 65　14 时，其运行结果是__【1】__。

当输入 14　63 时，其运行结果是__【2】__。

当输入 25　125 时，其运行结果是__【3】__。

```
#include<stdio.h>
void main()
{   int m,n;
    scanf("%d%d",&m,&n);
    while(m!=n)
    {   while(m>n)m-=n;
        while(n>m)n-=m;
    }
    printf("m=%d\n",m);
}
```

16. 以下程序运行的结果是________。

```
#include<stdio.h>
void main()
{   int n=0;
    while(n++<=1)
    printf("%d\t",n);
    printf("%d\n",n);
}
```

17. 求出 1000 以内的“完全数”。(提示：如果一个数恰好等于它的因子之和(因子包括 1,不包括数本身),则称该数为“完全数”。如 6 的因子是 1,2,3,而 6=1+2+3,则 6 是个“完全数”)。

```
#include<stdio.h>
void main()
{   int i,a,m;
    for(i=1;i<1000;i++)
    {   for(m=0,a=1;a<=i/2;a++)
            if(!(i%a)) 【1】 ;
        if 【2】 )printf("%4d",i);
    }
}
```

18. 在执行以下程序时,为了使输出结果为 t=4,则给 a 和 b 输入的值应满足的条件是________。

```
#include<stdio.h>
void main()
{   int s,t,a,b;
    scanf("%d,%d",&a,&b);
    s=1;   t=1;
    if(a>0)   s=s+1;
    if(a>b)   t=s+t;
```

```
        else if (a == b) t = 5;
                else t = 2 * s;
        printf("t = %d\n",t);
    }
```

# 3.3 答　　案

**一、选择题答案**

1. B

2. A

3. A

4. B 【解析】循环条件的判断是难点,先对 x 进行非运算结果为真(1),再判断 1!=0,为真,循环体执行,x 先加 1 再执行 s+x 赋给 s。

5. B 【解析】循环条件是先判断后加。

6. B

7. C 【解析】E 非 0 为真,0 为假,选项 C 恰好相反。

8. C

9. C 【解析】每次循环完 x 都被重新赋值为 2,条件永远为真。

10. B

11. D

12. C

13. B 【解析】循环体是复合语句。If 控制它后面第一个 x-- 是否执行。

14. A

15. A

16. D

17. B

18. C 【解析】嵌套循环。

19. A 【解析】外层循环执行一次,内层循环执行 4 次。外层循环一共执行 5 次,因此循环的总的执行次数是 4×5=20 次。

20. C 【解析】ch 接收字符 c 时,执行 dafault 情况,v1 增加 1 变为 1,不跳出 switch,v2++执行,v2 变为 1。接着下一次循环,与第一次循环类似,v1 和 v2 都增 1,最后结果为答案 C。

21. C

22. A

23. B 【解析】第一次执行循环用变量 c 的当前值'A'去匹配 case,k 可变为 1,c 变为'B',跳出 switch 结构,继续执行 k++,k 变为 2,第一次循环结束。判断循环条件,接着执行第二次循环,以此类推,结束循环时 k=4。

24. D 【解析】循环一次 y 的值减少 2,当 y 减到 0 时,结束循环。因此输出为 0,输出后,y 再减 1 变为-1。

25. C 【解析】判断++i 为真,++j 被短路。

## 二、填空题答案

1. 1,0,0,1
2. 【1】0　【2】1　【3】continue
3. 【1】x　【2】avg/n
4. 8
5. 【1】x=4,y=2 * x-1=7　【2】x=-4,y=x=-4　【3】x=10,y=3 * x-11=19
6. rxfsu
7. x
8. 1.0/(i * i)
9. 1234
10. 5,5
11. 【1】d D　【2】等待继续输入,直到输入小写字母
12. 1 3 5
13. 1 3 5 7
14. 4 7 10
15. 【1】m=1　【2】m=7　【3】m=25
16. 1 2 3
17. 【1】m=m+a　【2】m==i
18. 0<a<b

# 第4章　函　数

## 4.1 选择题

1. 在C语言中，函数的隐含存储类别是(　　)。

   A. auto　　B. static　　C. extern　　D. 无存储类别

2. 下列哪种数据不存放在动态存储区中？(　　)

   A. 函数形参变量

   B. 局部自动变量

   C. 函数调用时的现场保护和返回地址

   D. 局部静态变量

3. 以下叙述中不正确的是(　　)。

   A. 在不同的函数中可以使用相同名字的变量

   B. 函数中的形式参数是局部变量

   C. 在一个函数内定义的变量只在本函数范围内有效

   D. 在一个函数内的复合语句中定义的变量在本函数范围内有效

4. 在调用函数时，如果实参是简单变量，它与对应形参之间的数据传递方式是(　　)。

   A. 地址传递　　B. 单向值传递

   C. 由实参传给形参，再由形参传回实参　　D. 传递方式由用户指定

5. 一个函数返回值的类型是由(　　)决定的。

   A. return语句中表达式的类型

   B. 在调用函数时临时指定

   C. 定义函数时指定的函数类型

   D. 调用该函数的主调函数的类型

6. 若主调用函数类型为double，被调用函数定义中没有进行函数类型说明，而return语句中的表达式类型为float型，则被调函数返回值的类型是(　　)。

   A. int型　　B. float型

   C. double型　　D. 由系统当时的情况而定

7. 以下描述正确的是(　　)。

   A. 函数调用可以出现在执行语句或表达式中

   B. 函数调用不能作为一个函数的实参

   C. 函数调用可以作为一个函数的形参

   D. 以上都不正确

8. 在C语言的函数中，下列正确的说法是(　　)。

　A. 必须有形参

　B. 形参必须是变量名

　C. 可以有也可以没有形参

　D. 数组名不能用作形参

9. C语言中，函数值类型的定义可以缺省，此时函数值的隐含类型是(　　)。

　A. void　　B. int　　C. float　　D. double

10. 如果在一个函数的复合语句中定义了一个变量，则该变量(　　)。

　A. 只在该复合语句中有效，在该复合语句外无效

　B. 在该函数中任何位置都有效

　C. 在本程序的源文件范围内均有效

　D. 此定义方法错误，其变量为非法变量

11. 在一个源程序文件中定义的全局变量的有效范围是(　　)。

　A. 本源程序文件的全部范围

　B. 一个C程序的所有源程序文件

　C. 函数内全部范围

　D. 从定义变量的位置开始到源程序文件结束

12. 下列说法不正确的是(　　)。

　A. 主函数main中定义的变量在整个文件或程序中有效

　B. 不同函数中，可以使用相同名字的变量

　C. 形式参数是局部变量

　D. 在一个函数内部，可以在复合语句中定义变量，这些变量只在本复合语句中有效

13. 以下只有在使用时才为该类型变量分配内存的存储类说明是(　　)。

　A. auto 和 static　　B. auto 和 register

　C. register 和 static　　D. extern 和 register

14. 以下叙述中，不正确的是(　　)。

　A. 使用static float a定义的外部变量存放在内存中的静态存储区

　B. 使用float b定义的外部变量存放在内存中的动态存储区

　C. 使用static float c定义的内部变量存放在内存中的静态存储区

　D. 使用float d定义的内部变量存放在内存中的动态存储区

15. 以下所列的各函数首部中，正确的是(　　)。

　A. void play(var :Integer,var b:Integer)

　B. void play(int a,b)

　C. void play(int a,int b)

　D. Sub play(a as integer,b as integer)

16. 若有以下程序：

```
#include <stdio.h>
void f(int  n);
```

```
void main()
{
  void f(int n);
  f(5);
}
void f(int n)
{
  printf("%d\n",n);
}
```

则以下叙述中不正确的是(　　)。

A. 若只在主函数中对函数 f 进行说明，则只能在主函数中正确调用函数 f

B. 若在主函数前对函数 f 进行说明，则在主函数和其后的其他函数中都可以正确调用函数 f

C. 对于以上程序，编译时系统会提示出错信息：提示对 f 函数重复说明

D. 函数 f 无返回值，所以可用 void 将其类型定义为无值型

17. 以下函数值的类型是(　　)。

```
fun (float x)
{
  float y;
  y= 3*x-4;
  return y;
}
```

A. int　　B. 不确定　　C. void　　D. float

18. 有以下程序：

```
float fun(int x,int y)
{ return(x+y); }
void main()
{
  int a=2,b=5,c=8;
  printf("%3.0f\n",fun((int)fun(a+c,b),a-c));
}
```

程序运行后的输出结果是(　　)。

A. 编译出错　　B. 9　　C. 21　　D. 9.0

19. 下列函数定义正确的是(　　)。

A.
```
int max()
{ int x,y,z;
  z=x>y?x:y;
}
```

B.
```
int max(x,y)
int x,y;
{  int z;
   z=x>y?x:y;
return(z);}
```

C.
```
int max(x,y)
{ int x,y,z;
  z=x>y?x:y;
  return(z);
}
```

D.
```
int max()
{  }
```

20. 有如下程序：

```
int func(int a,int b)
{ return(a+b);}
void main()
{
  int  x=2,y=5,z=8,r;
  r=func(func(x,y),z);
  printf("%d\n",r);
}
```

该程序的输出的结果是(　　)。

A. 12　　B. 13　　C. 14　　D. 15

21. 有如下程序：

```
long  fib(int  n)
{
  if(n>2)  return(fib(n-1)+fib(n-2));
  else  return(2);
}
void main()
{
printf("%d\n",fib(3));
}
```

该程序的输出结果是(　　)。

A. 2　　B. 4　　C. 6　　D. 8

22. 有以下程序：

```
#include "stdio.h"
int  abc(int u,int v);
void main ()
{
  int a=24,b=16,c;
  c=abc(a,b);
  printf("%d\n",c);
}
int abc(int u,int v)
{
  int  w;
  while(v)
  {
    w=u%v;  u=v;  v=w
  }
  return u;
}
```

该程序的输出结果是(　　)。

A. 6　　B. 7　　C. 8　　D. 9

23. 请读程序：

```
#include<stdio.h>
int func( int a, int b)
{
   int c;
   c = a + b;
   return c;
}
void main()
{
   int x = 6, y = 7, z = 8, r;
   r = func( (x-- ,y-- ,x + y),z-- );
   printf("%d\n",r);
}
```

上面程序的输出结果是(　　)。

A. 11　　B. 19　　C. 21　　D. 31

24. 以下程序的输出结果是(　　)。

```
long  fun( int  n)
{
   long  s;
   if(n == 1 || n == 2)  s = 2;
   else s = n - fun(n - 1);
    return  s;
}
void main()
{
printf("%ld\n", fun(3));
}
```

A. 1　　B. 2　　C. 3　　D. 4

25. 以下程序的输出结果是(　　)。

```
int func(int x)
{
   int p;
   if(x == 0 || x == 1) return(3);
   p = x - func(x - 2);
   return p;
}
void main()
{
  printf("%d\n",func(9));
}
```

A. 7　　B. 2　　C. 0　　D. 3

26. 有以下程序：

```
int f(int  n)
```

```
{
  if(n==1)  return 1;
  else return f(n-1)+1;
}
void main()
{
  int i,j=0;
  for(i=1;i<3;i++) j+=f(i);
  printf("%d\n",j);
}
```

程序运行后的输出结果是(　　)。

A. 4　　B. 3　　C. 2　　D. 1

27. 以下程序的输出结果是(　　)。

```
#include "stdio.h"
int i=5;
void main()
{
  int i=3;
  { int i=10;i++;}
  f1();
  i+=1;
  printf("%d\n",i);
}
int f1()
{
  i=i+1;
  return(i);
}
```

A. 7　　B. 4　　C. 12　　D. 6

28. 以下程序的输出结果是(　　)。

```
int add()
{
  int x=0;static int y=0;
  printf("%d,%d\n",x,y);
  x++; y=y+2;
}
void main()
{
  int i;
  for(i=0;i<2;i++)  add();
}
```

A. 0,0<br>0,0　　B. 0,0<br>0,2　　C. 0,0<br>1,0　　D. 0,0<br>1,2

29. 下列程序执行后输出的结果是(　　)。

```
#include <stdio.h>
```

```
int f(int a)
{
  int b = 0; static c = 3;
  a = c++,b++;
  return (a); }
void main( )
{
  int a = 2,i,k;
  for(i = 0;i < 2;i++)   k = f(a++);
  printf(" % d\n",k);
}
```

A. 3　　B. 0　　C. 5　　D. 4

30. 设有以下函数:

```
int f (int a)
{
  int b = 0;
  static int c  =  3;
  b++;   c++;
  return(a + b + c);
}
```

如果在下面的程序中调用该函数,则输出结果是(　　)。

```
void main()
{
  int a  =  2, i;
  for(i = 0;i < 3;i++)   printf(" % d\n",f(a));
}
```

A. 7<br>8<br>9　　B. 7<br>9<br>11　　C. 7<br>10<br>13　　D. 7<br>7<br>7

31. 有以下程序:

```
int a = 3;
void main()
{
  int s = 0;
  { int a = 5;   s += a++; }
  s += a++;printf(" % d\n",s);
}
```

程序运行后的输出结果是(　　)。

A. 8　　B. 10　　C. 7　　D. 11

32. 下面程序的输出是(　　)。

```
int fun3(int x)
{
  static int a = 3;
```

```
  a += x;
  return(a);
}
void main()
{
  int k = 2, m = 1, n;
  n = fun3(k);
  n = fun3(m);
  printf(" %d\n",n);
}
```

A. 3　　B. 4　　C. 6　　D. 9

33. 下面程序的输出是(　　)。

```
int m = 13;
int fun2(int x, int y)
{
  int m = 3;
  return(x * y - m);
}
void main()
{
  int a = 7, b = 5;
  printf(" %d\n",fun2(a,b)/m);
}
```

A. 1　　B. 2　　C. 7　　D. 10

34. 以下程序的输出结果是(　　)。

```
int   d = 1;
int fun(int   p)
{
  static int d = 5;
  d += p;
  printf(" %d ",d);
  return(d);
}
void main(  )
{
  int a = 3;
  printf(" %d \n",fun(a + fun(d)));
}
```

A. 6　9　9　　B. 6　6　9　　C. 6　15　15　　D. 6　6　15

35. 下列程序执行后输出的结果是(　　)。

```
int d = 1;
int fun (int p)
{
  int d = 5;
  d += p++;
```

```
    printf(" %d",d);
  }
  void main( )
  {
    int a=3;
    fun(a);
    d+=a++;  printf(" %d\n",d);
  }
```

A. 84　　B. 96　　C. 94　　D. 85

## 4.2 填　空　题

1. 下面程序的输出是________。

```
unsigned fun6( unsigned num)
{
    unsigned k=1;
    do {
        k*=num%10;
        num/=10;
    } while(num);
    return(k);
}
void main()
{
    unsigned n=26;
    printf(" %d\n", fun6(n));
}
```

2. 下面程序的输出结果是________。

```
int  t(int  x,int  y,int  cp,int  dp)
{
    cp=x*x+y*y;
    dp=x*x-y*y;
}
void main(  )
{
  int a=4,b=3,c=5,d=6;
  t(a,b,c,d);
  printf(" %d %d \n",c,d);
}
```

3. 下面程序的输出结果是________。

```
void fun()
{
  static int a=0;
  a+=2; printf(" %d",a);
}
```

```
void main()
{
  int cc;
  for(cc = 1;cc < 4;cc++) fun();
  printf("\n");
}
```

4. 下面程序运行后的输出结果是________。

```
void fun(int x,int y)
{
  x = x + y;y = x - y;x = x - y;
   printf(" % d, % d,",x,y);
}
void main()
{
  int x = 2,y = 3;
  fun(x,y);
   printf(" % d, % d\n",x,y);
}
```

5. 下面程序输出的最后一个值是________。

```
int ff(int n)
{
     static int f = 1;
     f = f * n;
     return  f;
}
void main()
{
     int i;
     for(i = 1;i <= 5;i++)  printf(" % 5d",ff(i));
}
```

6. 下面程序运行结果为________。

```
# include < stdio.h >
void main()
{
  int i;
  for(i = 0;i < 2;i++) as();
}
int as()
{
  int lv = 0;
  static int sv = 0;
  printf(" % d, % d\n",lv,sv);
  lv++;sv++;
  return 0;
}
```

7. 下面程序的输出是________。

```
long fun5(int n)
{
  long s;
  if((n == 1) || (n == 2))
    s = 2;
  else
    s = n + fun5(n - 1);
  return(s);
}
void main()
{
  long x;
  x = fun5(4);
  printf("%ld\n",x);
}
```

8. 下面程序的输出结果是________。

```
#include <stdio.h>
int fun( int x)
{
  int p;
  if( x == 0 || x == 1) return(3);
  p = x - fun( x - 2);
  return p;
}
void main()
{
  printf( "%d\n", fun(9));
}
```

9. 下面程序的运行结果是________。

```
#include <stdio.h>
void main()
{
  int k = 4, m = 1, p;
  p = func(k,m); printf("%d,",p);
  p = func(k,m); printf("%d \n",p);
}
int func(int  a, int  b)
{
  static int m = 0, i = 2;
  i += m + 1;
  m = i + a + b;
  return m;
}
```

10. 下面程序从键盘输入：5647，输出结果是________。

```
#include<stdio.h>
void convert(int n)
{
  int i;
  if((i = n/10)!= 0)
  convert(i);
  putchar(n%10 + '0');
}
void main()
{
  int number;
  scanf("%d",&number);
  if(number<0)
  { putchar('-');
    number = -number;
  }
  convert(number);
}
```

11. 下面 pi 函数的功能是：根据以下公式返回满足精度 e 要求的 p 的值。根据以下算法补足所缺语句。

$$p=2\times\left(1+\frac{1}{1\times3}+\frac{1\times2}{1\times3\times5}+\frac{1\times2\times3}{1\times3\times5\times7}+\cdots+\frac{1\times2\times3\times\cdots\times n}{1\times3\times5\times7\times\cdots\times(2n+1)}\right)$$

```
double pi(double eps)
{
  double s = 0.0,t = 1.0;
  int n;
  for( 【1】 ;t>eps;n++)
    { s += t;
      t = n*t/(2*n+1);
    }
  return(2.0* 【2】 );
}
```

12. 输入 I am a student. 时，下面程序的运行结果是________。

```
#include<stdio.h>
void main()
{
  int i,c,num = 0,word = 0;
  char string[81];
  gets(string);
  for(i = 0;c = string[i];i++)
    if(c == ' ')
      word = 0;
    else if(word == 0)
      {word = 1;num++;}
  printf("%d",num);
}
```

13. 下面程序的运行结果是________。

```
#include<stdio.h>
long fib(int g)
{
  switch(g)
  {
    case 0:return 0;
    case 1:case 2:return(1);
  }
  return(fib(g-1)+fib(g-2));
}
void main()
{
    long k;
    k=fib(5);
    printf("%d\n",k);
}
```

14. 下面程序的功能是找出三个字符串中的最大串，填空完善程序。

```
【1】
#include<stdio.h>
void main()
{
    int i; char string[20],str[3][20];
    for(i=0;i<3;i++) gets(【2】);
    if(strcmp(str[0],str[1])>0) strcpy(string,str[0]);
    else strcpy(string,str[1]);
    if(strcmp(str[2],string)>【3】) strcpy(string,str[2]);
    printf("the largest string is\n%s\n",string);
}
```

15. 下面函数的功能是：求 x 的 y 次方，请填空。

```
double  fun( double  x,  int  y)
{
    int  i;
    double  z;
    for(i=1, z=x; i<y;i++)   z=z*________;
    return  z;
}
```

16. 设在主函数中有以下定义和函数调用语句，且 fun 函数为 void 类型；请写出 fun 函数的首部________。（要求形参名为 b）

```
void main()
{
    double  s[10][22];
    int  n; ⋮
    ⋮
```

```
    fun(s);
    ⋮
}
```

17. 下面程序的运行结果是________。

```
void main()
{
    int x = 2,n = 3;
    printf("%d\n",power(x,n));
}
power(int x,int n)
{
    int p;
    if(n > 0) p = power(x,n - 1) * x;
    else p = 1;
    return(p);
}
```

18. 下面函数的功能是计算 $s=1+\frac{1}{1\times2}+\frac{1}{1\times2\times3}+\cdots+\frac{1}{1\times2\times3\times4\times\cdots\times n}$，请填空。

```
double fun(int n)
{
    double s = 0.0,fac = 1.0;
    int  i;
    for(i = 1,i <= n;i++)
    { fac = fac ________;
        s = s + fac;
    }
    return s;
}
```

19. 程序调用 prime 函数，判断输入的一个整数是否为素数，是则打印 YES，否则打印 NO。

```
#include "stdio.h"
void main()
{
    int x;
    int prime(int a);
    printf("输入一个整数给 x: "); scanf("%d", 【1】 );
    if(prime(x)) printf("YES\n");
    else printf("NO\n");
}
int prime(int a)
{
    int e,i,yes;
    yes = 1;e = a/2;
    i = 2;
    while((i <= e) 【2】 )
```

```
        if(a%【3】==0) yes=0;
        else i++;
        【4】;
    }
```



20. 读下面的程序，填空完善程序。

```
void main()
{
    int a,b,c;
    scanf("%d%d",【1】);
    c=【2】(a,b);
    printf("a=%d,b=%d,c=%d\n",a,b,c);
}
【3】
{
    int z;
    if(x>y) z=x;
    else z=y;
      【4】;
}
```

21. 下面程序根据对 x 的输入，求 1 到 x 的累加和。

```
float fun(int n)
{
    int i; float c;
    【1】;
    for(i=1;i<=n;i++) c+=i;
    【2】;
}
void main()
{
    int x;
    scanf("%d",【3】);
    printf("%f\n",fun(x));
}
```

22. 分别计算并输出 1!,2!,3!,4!和 5!。

```
void main()
{
    int  i;
    for(i=1;i<=5;i++) printf("%d!=%d\n",i,【1】);
}
int fac(int n)
{【2】f=1;
    f*=n;
    return(f);
}
```

## 4.3 答　案

**一、选择题答案**

1. B

2. D 【解析】局部静态变量存放在静态存取区,一直到程序结束生命期结束。

3. D 【解析】复合语句中定义的变量只在该复合语句内有效,不是在本函数内有效。

4. B

5. C 【解析】函数的返回值类型与定义时返回值的类型不一致时也以定义时的类型为准。

6. A 【解析】默认情况下函数的返回值为 int 型,但函数的返回值类型与定义时返回值的类型不一致时以定义时的类型为准。本题中定义时的类型为 int。

7. A

8. C

9. B

10. A 【解析】局部变量可以定义在函数内或复合语句内。

11. D

12. A 【解析】main 函数与其他函数一样,因此 main 中定义的变量只在 main 内有效。与其他函数的区别是:main 可以调用其他函数,而其他函数不能调用 main 函数,main 函数是操作系统调用的。

13. B

14. B 【解析】外部变量分配内存在静态存储区。

15. C 【解析】函数的首部必须指定形参的类型和名字。而函数声明时必须指定形参类型,可以不指定形参名。

16. C

17. A 【解析】省略返回值类型时默认为 int 型。

18. B

19. C 【解析】选项 A 没有 return 语句返回值;选项 B:int x,y;声明的位置不对;选项 D:函数体内没有 return 语句。

20. D 【解析】函数的嵌套调用。

21. B 【解析】函数的递归调用。

22. C 【解析】abc 函数完成的功能是辗转相除法求最大公约数。

23. B 【解析】调用 func 时第一个参数是逗号表达式的值,最后实参分别是 11 和 8。

24. A 【解析】函数的递归调用。

25. A 【解析】函数的递归调用。

26. B 【解析】函数的递归调用。

27. B 【解析】局部变量和全局变量。当局部变量和全局变量同名时,在局部变量作用域内局部变量屏蔽全局变量。

28. B 【解析】静态局部变量的使用,静态局部变量具有记忆功能。

29. D 【解析】静态局部变量的使用,静态局部变量具有记忆功能。

30. A 【解析】在 main 函数中三次调用 f(a),对于被调函数 f 中静态变量 c 分配一次内存,记录上次调用后的结果,一直到程序结束才释放内存。

31. A 【解析】全局变量和局部变量的使用。

32. C 【解析】静态变量的使用。

33. B 【解析】全局变量的使用。

34. C 【解析】全局变量和局部变量。

35. A 【解析】全局变量和局部变量。

**二、填空题答案**

1. 12
2. 56
3. 246
4. 3,2,2,3
5. 120
6. 0,0
   0,1
7. 9
8. 7
9. 8,17
10. 5647
11. 【1】n=1 【2】s
12. 4
13. 5
14. 【1】#include <string.h> 【2】str[i] 【3】0
15. x
16. void fun(double b[][22]);
17. 8
18. /i
19. 【1】&x 【2】&&yes 【3】i 【4】return yes
20. 【1】&a,&b 【2】max 【3】int x,y 【4】return(z)
21. 【1】c=0 【2】return c 【3】&x
22. 【1】fac(i) 【2】static int

# 第5章 数　组

## 5.1 选　择　题

1. 若有以下定义语句，则表达式“x[1][1] * x[2][2]”的值是(　　)。

```
float  x[3][3] = {{1.0,2.0,3.0},{4.0,5.0,6.0}};
```

A. 0.0　　B. 4.0　　C. 5.0　　D. 6.0

2. 在定义 int n[5][6]后第 10 个元素是(　　)。

A. n[2][5]　　B. n[2][4]　　C. n[1][3]　　D. n[1][4]

3. 判断两个字符串是否相等，正确的表达方式是(　　)。

A. while(s1==s2)　　B. while(s1=s2)

C. while(strcmp(s1,s2)==0)　　D. while(strcmp(s1,s2)=0)

4. 若有以下的定义：int　t[5][4];能正确引用 t 数组的表达式是(　　)。

A. t[2][4]　　B. t[5][0]　　C. t[0][0]　　D. t[0,0]

5. 以下合法的数组定义是(　　)。

A. int a[]="string";　　B. int a[5]={0,1,2,3,4,5};

C. int　s="string";　　D. char a[]={0,1,2,3,4,5};

6. 下列语句中，不正确的是(　　)。

A. static char a[2]={1,2};　　B. static char a[2]={'1', '2'};

C. static char a[2]={'1', '2', '3'};　　D. static char a[2]={'1'};

7. 以下关于数组的描述正确的是(　　)。

A. 数组的大小是固定的，但可以有不同类型的数组元素

B. 数组的大小是可变的，但所有数组元素的类型必须相同

C. 数组的大小是固定的，所有数组元素的类型必须相同

D. 数组的大小是可变的，可以有不同类型的数组元素

8. 在 C 语言中，引用数组元素时，其数组下标的数据类型允许是(　　)。

A. 整型常量　　B. 整型表达式

C. 整型常量或整型表达式　　D. 任何类型的表达式

9. 以下对一维整型数组 a 的正确说明是(　　)。

A. `int a(10);`

B. `int n = 10,a[n];`

C.
```
int n;
scanf("%d",&n);
int a[n];
```

D.
```
#define  SIZE  10
int  a[SIZE];
```

10. 若有定义：int　b[3][4]={0}；则下述正确的是(　　)。

A. 此定义语句不正确

B. 没有元素可得初值0

C. 数组b中各元素均为0

D. 数组b中各元素可得初值但值不一定为0

11. 以下程序的输出结果是(　　)。

```
#include <stdio.h>
void main()
{
  int  i, a[10];
  for(i=9;i>=0;i--)  a[i]=10-i;
  printf("%d%d%d",a[2],a[5],a[8]);
}
```

A. 258　　B. 741　　C. 852　　D. 369

12. 若有定义和语句：

```
char s[10];s="abcd";printf("%s\n",s);
```

则结果是(以下␣代表空格)(　　)。

A. 输出abcd　　B. 输出a

C. 输出abcd␣␣␣␣　　D. 编译不通过

13. 以下程序运行后，输出结果是(　　)。

```
#include <stdio.h>
void main()
{
  int  n[5]={0,0,0},i,k=2;
  for(i=0;i<k;i++)  n[i]=n[i]+1;
  printf("%d\n",n[k]);
}
```

A. 不确定的值　　B. 2　　C. 1　　D. 0

14. 若有以下数组定义，其中不正确的是(　　)。

A. int　a[2][3]；

B. int　b[][3]={0,1,2,3}；

C. int　c[100][100]={0}；

D. int　d[3][]={{1,2},{1,2,3},{1,2,3,4}}；

15. 以下程序运行后，输出结果是(　　)。

```
void main()
{
    int  a[4][4]={{1,3,5},{2,4,6},{3,5,7}};
    printf("%d%d%d%d\n",a[0][3],a[1][2],a[2][1],a[3][0]);
}
```

A. 0650　　B. 1470　　C. 5430　　D. 输出值不定

16. 以下程序运行后，输出结果是(　　)。

```
#include <stdio.h>
void main()
{
  int    y = 18,i = 0,j,a[8];
  do
  {  a[i] = y % 2; i++;
     y = y/2;
  }  while(y >= 1);
  for(j = i - 1;j >= 0;j -- ) printf(" % d",a[j]);
  printf("\n");
}
```

A. 10000　　B. 10010　　C. 00110　　D. 10100

17. 下述对C语言字符数组的描述中正确的是(　　)。

A. 任何一维数组的名称都是该数组存储单元的开始地址，且其每个元素按照顺序连续占存储空间

B. 一维数组的元素在引用时其下标大小没有限制

C. 任何一个一维数组的元素，可以根据内存的情况按照其先后顺序以连续或非连续的方式占用存储空间

D. 一维数组的第一个元素是其下标为1的元素

18. 若给出以下定义：

```
char x[ ] = "abcdefg";
char y[ ] = {'a','b','c','d','e','f','g'};
```

则正确的叙述为(　　)。

A. 数组x和数组y等价　　B. 数组x和数组y的长度相同

C. 数组x的长度大于数组y的长度　　D. 数组x的长度小于数组y的长度

19. 下述对C语言字符数组的描述中错误的是(　　)。

A. 字符数组可以存放字符串

B. 字符数组中的字符串可以整体输入、输出

C. 可以在赋值语句中通过赋值运算符"="对字符数组整体赋值

D. 不可以用关系运算符对字符数组中的字符串进行比较

20. 若有以下程序段，输出结果是(　　)。

```
char   s[ ] = "\\141\141abc\t";
printf  (" % d\n",strlen(s));
```

A. 9　　B. 12　　C. 13　　D. 14

21. 以下程序运行后，输出结果是(　　)。

```
#include <stdio.h>
void main()
{
  int a[10], a1[ ] = {1,3,6,9,10}, a2[ ] = {2,4,7,8,15},i = 0,j = 0,k;
```

```
    for(k = 0;k < 4;k++)
      if(a1[i]< a2[j])     a[k] = a1[i++];
      else                 a[k] = a2[j++];
    for(k = 0;k < 4;k++)     printf(" %d",a[k]);
}
```

A. 1234　　B. 1324　　C. 2413　　D. 4321

22. 若定义如下变量和数组：

```
int i;
int x[3][3] = {1,2,3,4,5,6,7,8,9};
```

则下面语句的输出结果是(　　)。

```
for(i = 0;i < 3;i++) printf(" %d",x[i][2 - i]);
```

A. 1 5 9　　B. 1 4 7　　C. 3 5 7　　D. 3 6 9

23. 以下程序运行后，输出结果是(　　)。

```
#include <stdio.h>
void main()
{
  int   i,k,a[10],p[3];
  k = 5;
  for (i = 0;i < 10;i++)  a[i] = i;
  for (i = 0;i < 3;i++)   p[i] = a[i * (i + 1)];
  for (i = 0;i < 3;i++)   k += p[i] * 2;
  printf(" %d\n",k);
}
```

A. 20　　B. 21　　C. 22　　D. 23

24. 以下程序运行后，输出结果是(　　)。

```
#include <stdio.h>
void main()
{
  int aa[4][4] = {{1,2,3,4},{5,6,7,8},{3,9,10,2},{4,2,9,6}};
  int i,s = 0;
  for(i = 0;i < 4;i++)  s += aa[i][1];
  printf(" %d\n",s);
}
```

A. 11　　B. 19　　C. 13　　D. 20

25. 以下程序运行后输出结果是(　　)。

```
#include <stdio.h>
void main( )
{
  int n[3],i,j,k;
  for(i = 0;i < 3;i++)
     n[i] = 0;
  k = 2;
```

```
  for (i = 0;i < k;i++)
  for (j = 0;j < k;j++)
          n[j] = n[i] + 1;
  printf(" % d\n",n[1]);
}
```

A. 2　　B. 1　　C. 0　　D. 3

26. 运行下面的程序,如果从键盘输入:123<空格>456<空格>789<回车>,输出结果是(　　)。

```
void main()
{
  char  s[100];  int  c, i;
  scanf(" % c",&c);  scanf(" % d",&i);  scanf(" % s",s);
  printf(" % c, % d, % s\n",c,i,s);
}
```

A. 123,456,789　　B. 1,456,789　　C. 1,23,456,789　　D. 1,23,456

27. 以下程序段给数组所有的元素输入数据,横线处应填入的内容是(　　)。

```
#include< stdio.h>
void main()
{
  int a[10],i = 0;
  while(i < 10) scanf(" % d",________);
    ⋮
}
```

A. a+(i++)　　B. &a[i+1]　　C. a+i　　D. &a[++i]

28. 下列程序的主要功能是输入 10 个整数存入数组 a,再输入一个整数 x,在数组 a 中查找 x。找到则输出 x 在 10 个整数中的序号(从 1 开始); 找不到则输出 0。程序的横线处应填入的内容是(　　)。

```
#include < stdio.h>
void main()
{
  int  i,a[10],x,flag = 0;
  for(i = 0;i < 10;i++)
    scanf(" % d",&a[i]);
  scanf(" % d",&x);
  for(i = 0;i < 10;i++)   if  ________     {flag = i + 1;  break;}
  printf(" % d\n",  flag);
}
```

A. x!=a[i]　　B. !(x-a[i])　　C. x-a[i]　　D. !x-a[i]

29. 有以下程序:

```
#include < stdio.h>
void main( )
  {
    int  a[3][3] = {{1,2},{3,4},{5,6}},i,j,s = 0;
```

```
    for(i=1;i<3;i++)
      for(j=0;j<=i;j++)   s+=a[i][j];
    printf("%d\n",s);
}
```

该程序的输出结果是（　　）。

A. 18　　B. 19　　C. 20　　D. 21

30. 不能把字符串"Hello!"赋给数组 b 的语句是（　　）。

A. char str[10]= {'H', 'e', 'l', 'l', 'o', '! '};

B. char str[10];str="Hello!";

C. char str[10];strcpy(str,"Hello!");

D. char str[10]="Hello!";

31. 运行下面的程序，如果从键盘上输入：

```
ab<回车>
c <回车>
def<回车>
```

则输出结果为（　　）。

A. a<br>b<br>c<br>d<br>e<br>f

B. a<br>b<br>c<br>d

C. ab<br>c<br>d

D. abcdef

```
#include<stdio.h>
#define   N  6
void main()
{
  char  c[N];
  int   i=0;
  for(;i<N;c[i]=getchar(),i++);
  for( i=0;i<N;i++)   putchar(c[i]);
printf("\n");
}
```

32. 以下程序的输出结果是（　　）。

```
void main()
{
  char str[12]={ 's','t','r','i','n','g'};
   printf("%d\n",strlen(str));
}
```

A. 6　　B. 7　　C. 11　　D. 12

33. 当调用函数时，实参是一个数组名，则向函数传送的是（　　）。

A. 数组的长度　　B. 数组的首地址

C. 数组每一个元素的地址　　　　　D. 数组每个元素中的值

34. 以下程序运行后，输出的结果是(　　)。

```
#include <stdio.h>
#include<string.h>
void main()
{
  char w[ ][10] = {"ABCD","EFGH","IJKL","MNOP"},k;
  for (k = 1;k < 3;k++)
  printf(" %s\n",&w[k][k]);
}
```

A. ABCD<br>FGH<br>KL<br>M　　B. ABCD<br>EFG<br>IJ　　C. EFG<br>JK<br>O　　D. FGH<br>KL

35. 下列程序执行后的输出结果是(　　)。

```
void func1(int  i);
void func2(int  i);
char st[] = "hello,friend!";
void func1(int  i)
{
   printf(" %c",st[i]);
   if(i<3){i += 2;func2(i);}
}
void func2(int  i)
{
   printf(" %c",st[i]);
   if(i<3){i += 2;func1(i);}
}
void vmain()
{
   int i = 0;
   func1(i);
   printf("\n");
}
```

A. hello　　B. hel　　C. hlo　　D. hlm

36. 下面程序的输出是(　　)。

```
int fun(int h)
{
  static int a[3] = {1,2,3};
  int k;
  for(k = 0;k < 3;k++) a[k] += a[k] - h;
  for(k = 0;k < 3;k++) printf(" %d",a[k]);
  printf("\n"); return(a[h]);
}
void main()
```

```
{
  int t = 1;
  fun(fun(t));
}
```

A. 1,2,3,
   1,5,9,

B. 1,3,5,
   1,3,5,

C. 1,3,5,
   0,4,8,

D. 1,3,5,
   −1,3,7,

37. 以下程序的输出结果是(　　)。

```
int f( int  b[ ], int  m, int  n)
{
    int  i,s = 0;
    for(i = m;i < n;i = i + 2)  s = s + b[i];
    return  s;
}
void main()
{
    int  x, a[ ] = {1,2,3,4,5,6,7,8,9};
    x = f(a,3,7);
    printf(" % d\n",x);
}
```

A. 10　　B. 18　　C. 8　　D. 15

38. 以下程序中函数 reverse 的功能是将 a 所指数组中的内容进行逆置。

```
void reverse(int a[ ],int n)
{
  int  i,t;
  for(i = 0;i < n/2;i++)
  {
    t = a[i]; a[i] = a[n - 1 - i];a[n - 1 - i] = t;
  }
}
void main()
{
    int  b[10] = {1,2,3,4,5,6,7,8,9,10}; int i,s = 0;
    reverse(b,8);
    for(i = 6;i < 10;i++) s += b[i];
    printf(" % d\n",s);
}
```

程序运行后的输出结果是(　　)。

A. 22　　B. 10　　C. 34　　D. 30

39. 请读程序：

```
#include < stdio.h >
int f(int b[], int n)
{
    int i, r;
    r = 1;
    for(i = 0; i <= n; i++) r = r * b[i];
```

```
    return r;
}
void main()
{
    int x, a[] = { 2,3,4,5,6,7,8,9};
    x = f(a, 3);
    printf(" %d\n",x);
}
```

上面程序的输出结果是(　　)。

A. 720　　B. 120　　C. 24　　D. 6

## 5.2 填　空　题

1. C 语言中，数组元素的下标下限为________。

2. C 程序在执行过程中，不检查数组下标是否________。

3. 若想通过以下输入语句使 a 中存放字符串 1234，b 中存放字符 5，则输入数据的形式应该是________。

```
        ⋮
char  a[10],b;
scanf("a = %s b = %c",a,&b);
        ⋮
```

4. 下面程序段完成的功能是：输出两个字符串中对应字符相等的字符。请填空。

```
char   x[ ] = "language";
char   y[ ] = "llngga";
int    i = 0;
while (x[i]!= 【1】 &&y[i]!= 【2】 )
 { if (x[i] == y[i])  printf(" %c", 【3】 );
   else i++;
 }
```

5. 下面程序的输出是________。

```
#define MAX 5
int a[MAX],k;
void main()
{
    fun1();fun3(); fun2();  fun3();
    printf("\n");
}
int fun1()
{
  for(k = 0;k < MAX;k++) a[k] = k + k;
}
int fun2()
{
  int a[MAX],k;
```

```
    for(k = 0;k < 5;k++)   a[k] = k;
}
int fun3()
{
    int k;
    for(k = 0;k < MAX;k++) printf(" % d",a[k]);
}
```

6. 输入 5 个字符串，将其中最小的打印出来，请完善程序。

```
void main()
{
    char   str[10],temp[10]; int   i;
    【1】;
    for(i = 0;i < 4;i++)
     {   gets(str);
     if (strcmp(temp,str)> 0) 【2】 ;
     }
     printf("\nThe first string is: % s\n",temp);
}
```

7. 下面程序的运行结果是________。

```
#define    N    5
void main()
{
    int    a[N] = {1,2,3,4,5},i,temp;
    for(i = 0;i < N/2;i++)
    {   temp = a[i];    a[i] = a[N - i - 1]; a[N - i - 1] = temp;}
    printf("\n");
    for(i = 0;i < N;i++)   printf(" % d   ", a[i]);
}
```

8. 以下程序的运行结果是________.

```
#include < stdio.h>
void main()
{
    int   a[3][3] = {1,2,3,4,5,6,7,8,9},i,s1 = 0,s2 = 1;
    for(i = 0;i <= 2;i++)
    {   s1 = s1 +  a[i][i];
        s2 = s2 * a[i][i];
    }
    printf("s1 = % d,s2 = % d",s1,s2);
}
```

9. 以下程序以每一行输出 4 个数据的形式输出 a 数组，请填空。

```
#include < stdio.h>
void main()
{
    int   a[20],i;
    for(i = 0;i < 20;i++)     scanf(" % d", 【1】 );
```

```
    for(i = 0;i < 20;i++)
    {  if ( 【2】 ) 【3】 ;
       printf(" % 3d",a[i]);
    }
     printf("\n");
}
```

10. 以下程序段的输出结果是________。

```
void main()
{
    char  b[] = "Hello,you";
    b[5] = 0;
    printf(" % s\n", b );
}
```

11. 以下程序分别在a数组和b数组中放入an+1和bn+1个由小到大的有序数，程序把两个数组中的数按由小到大的顺序归并到c数组中，请填空。

```
#include< stdio.h>
void main()
{
   int  a[10] = {1,2,5,8,9,10}, an = 5,b[10] = {1,3,4,8,12,18},bn = 5;
   int  i,j,k,c[20],max = 9999;
   a[an + 1] = b[bn + 1] = max;
   i = j = k = 0;
   while((a[i]!= max) || (b[j]!= max))
   if(a[i]< b[j])  {c[k] = 【1】 ;   k++; 【2】 ;}
   else             {c[k] = 【3】 ;   k++; 【4】 ;}
   for(i = 0;i < k;i++)  printf(" % 4d",c[i]); printf("\n");
}
```

12. 输入10个整数，用选择法排序后按从小到大的次序输出，请填空。

```
#define  N   10
void main( )
{
   int  i,j,min,temp,a[N];
   for(i = 0;i < N;i++)
        scanf(" % d", 【1】 );
   printf("\n");
   for(i = 0; 【2】 ;  i++)
          {min = i;
          for(j = i;j < N;j++)
               if(a[min]> a[j]) 【3】 ;
          temp = a[i];
          a[i] = a[min];
          a[min] = temp;
            }
   for (i = 0;i < N;i++)
            printf(" % 5d",a[i]);
   printf("\n");
```

```
}
```

13. 以下程序的功能是：从键盘输入若干个学生的成绩，计算出平均成绩，并输出低于平均分的学生成绩，用输入负数结束输入，请填空。

```
void main( )
{
 float  x[1000],   sum = 0.0,   ave,   a;
 int    n = 0, i;
 printf("Enter mark: \n"); scanf(" % f",&a);
 while(a >= 0.0&& n < 1000)
 {     sum += 【1】;        x[n] = 【2】;
         n++;             scanf(" % f",&a);
          }
       ave = 【3】;
       printf("Output: \n");
       printf("ave = % f\n",ave);
       for (i = 0;i < n;i++)
       if (【4】)  printf (" % f\n",x[i]);
}
```

14. 当先后输入 1,3,4,12,23 时，屏幕上出现【1】；再输入 12 时，屏幕上出现【2】。

```
# include < stdio.h >
# define   N   5
void main()
{
  int  i,j,number,top,bott,min,loca,a[N],flag;
  char  c;
  printf("please  input  5 numbers  a[i]> a[i - 1]\n");
  scanf(" % d",&a[0]);   i = 1;
  while(i < N)
  {scanf(" % d",&a[i]);  if(a[i]> = a[i - 1])   i++;}  printf("\n");
  for(i = 0;i < N;i++)     printf(" % 4d",a[i]);  printf("\n");
  flag = 1;
  while(flag)
  {  scanf(" % d",&number);   loca = 0; top = 0;  bott = N - 1;
     if ((number < a[0]) || (number > a[N - 1]))   loca = - 1;
     while((loca == 0)&&(top <= bott))
     {  min = (bott + top)/2;
        if(number == a[min])
          {  loca = min;printf(" % d is the  % dth  number\n",number,loca + 1);}
             else if  (number < a[min])   bott = min - 1;
             else top = min + 1;
          }
  if (loca == 0 || loca == - 1)   printf(" % d  is not  in the list \n",number);
  c = getchar();
  if (c == 'N' || c == 'n')   flag = 0;
  }
}
```

15. 以下程序把一个整数转换成二进制数，所得二进制数的每一位放在一维数组中，输出此二进制数。注意：二进制数的最低位在数组的第一个元素中。

```
#include<stdio.h>
void main()
{
   int  b[16],x,k,r,i;
   printf("please  input  binary  num  to  x");  scanf("%d",&x);
   printf("%d\n",x);
     k=-1;
     do
   {   r=x%【1】;
       b[++k]=r;
       x/=  【2】;
   }
  while(x>=1);
  for(i=k; 【3】 ;i--)
  printf("%d",b[i]);  printf("\n");
}
```

16. 以下程序完成的功能是：计算两个 3×4 阶矩阵相加，并打印出结果，请填空。

```
#include<stdio.h>
void main()
{
   int  a[3][4]={{3,-2,1,2},{0,1,3,-2},{3,1,0,4}};
   int  b[3][4]={{-2,3,0,-1},{1,0,-2,3},{-2,0,1,-3}};
   int  i,j,c[3][4];
      for(i=0;i<3;i++)
        for(j=0;j<4;j++)
            ________;
      for(i=0;i<3;i++)
       { for(j=0;j<4;j++)
          printf("%d",c[i][j]);
          printf("\n");
       }
      }
```

17. 以下程序的运行结果是________.

```
void main()
{
   int  i, j,a[3][3];
   for(i=0;i<3;i++)
   {  for(j=0;j<3;j++)
      {  if(i==3)  a[i][j]=a[i-1][a[i-1][j]]+1;
         else       a[i][j]=j;
         printf("%4d",a[i][j]);
      }
      printf("\t");
   }
}
```

18. 阅读下列程序：

```
#include<stdio.h>
void main()
{
 int i, j, row, column,m;
 static int array[3][3] = {{100,200,300},{28,72, -30},{ -850,2,6}};
 m = array[0][0];
 for (i = 0; i<3; i++)
   for (j = 0; j<3; j++)
       if (array[i][j]< m)
                          { m = array[i][j]; row = i; column = j;}
          printf(" %d, %d, %d\n",m,row,column);
}
```

上述程序的输出结果是________。

19. 若有以下程序段，若先后输入：

```
English↙
Good↙
```

则其运行结果是________。

```
void main()
{
  char  c1[60],c2[3];
  int i = 0,j = 0;
  scanf(" %s",c1);
  scanf(" %s",c2);
  while(c1[i]!= '\0')   i++;
  while(c2[j]!= '\0')   c1[i++] = c2[j++];
  c1[i] = '\0';
  printf("\n%s",c1);
}
```

20. 从键盘输入由5个字符组成的单词，判断此单词是不是hello，并显示结果，请填空。

```
#include<stdio.h>
void main()
{
  static  char  str[ ] = {'h','e','l','l','o'};
   char str1[5];
    【1】;
  for(i = 0;i<5;i++)
    【2】;
  flag = 0;
  for(i = 0;i<5;i++)
    if 【3】{  flag = 1;  break;}
  if(flag)  printf("this  word  is not  hello");
  else      printf("this  word  is  hello");
}
```

21. 以下程序的功能是:将字符数组 a 中下标值为偶数的元素从小到大排列,其他元素不变,请填空。

```
#include <stdio.h>
#include <string.h>
void main()
{
  char  a[] = "clanguage",t;
  int  i, j, k;
  k = strlen(a);
  for(i = 0; i <= k - 2; i += 2)
      for(j = i + 2; j <= k; 【1】 )
          if( 【2】 )
          { t = a[i]; a[i] = a[j]; a[j] = t; }
      puts(a);
  printf("\n");
}
```

22. 以下程序用来对从键盘上输入的两个字符串进行比较,然后输出两个字符串中第一个不相同字符的 ASCII 码之差。例如:输入的两个字符串分别为“abcdef”和“abceef”,则输出为-1。请填空。

```
#include <stdio.h>
void main( )
{
 char   str1[100],str2[100],c;
 int     i,s;
 printf("\n input string 1:\n");     gets(str1);
 printf("\n input string 2:\n");     gets(str2);
 i = 0;
 while((str1[i] == str2[i]&&(str1[i]!= 【1】 ))
        i++;
 s = 【2】 ;
 printf(" %d\n",s);
}
```

23. 以下程序的功能是:统计从终端输入的字符中每个大写字母的个数。用#号作为输入结束标志,请填空。

```
#include <stdio.h>
#include <ctype.h>
void main( )
{
  int num[26],i; char c;
  for(i = 0; i < 26; i++) num[i] = 0;
      while( 【1】 != '#')               /* 统计从终端输入的大写字母的个数 */
      if( isupper(c))  num[c - 65] += 1;
  for(i = 0; i < 26; i++)               /* 输出大写字母和该字母的个数 */
          if(num[i]) printf(" %c: %d\n",i 【2】 , num[i]);
}
```

24. 设有下列程序：

```
#include<stdio.h>
#include<string.h>
void main()
{
    int i;
    char str[10], temp[10];
    gets(temp);
    for (i=0; i<4; i++)
    {   gets(str);
        if (strcmp(temp,str)<0) strcpy(temp,str);
      }
        printf("%s\n",temp);
}
```

上述程序运行后，如果从键盘上输入(在此<CR>代表回车符)：

```
C++<CR>
BASIC<CR>
QuickC<CR>
Ada<CR>
Pascal<CR>
```

则程序的输出结果是________。

25. 下面程序完成的功能是：计算一个字符串中子串出现的次数，请填空。

```
#include<stdio.h>
void main()
{
 int i, j, k,count;
 char  str1[20],str2[20];
 printf("zhu chuan:");
 gets(str1);
 printf("zi chuan:");
 gets(str2);
 【1】;
 for(i=0;str1[i];i++)
    for(j=i,k=0;str1[j]==str2[k];j++,k++)
        if (【2】)
        count++;
 printf("chuxian  cishu=%d\n",count);
}
```

26. 下面程序完成以下功能：从键盘输入一行字符，统计其中有多少个单词，单词之间用空格分隔。

```
#include<stdio.h>
void main()
{
  char  s[81];
  int   i, c, num=0,word=0;
```

```
   【1】;
  for(i = 0;(c = s[i])!= '\0';i++)
       if(c == 32) 【2】;
       else if (word == 0)  {word = 1; 【3】;}
  printf("there  are  %d  words.\n",num);
}
```

27. 以下程序中,主函数调用了 LineMax 函数,实现在 N 行 M 列的二维数组中,找出每一行上的最大值。请填空。

```
#define  N  3
#define  M  4
void  LineMax(int  x[N][M])
{
  int  i,j,p;
  for(i = 0; i < N;i++)
  { p = 0;
       for(j = 1; j < M;j++)
         if(x[i][p]< x[i][j]) 【1】;
       printf("The max value in line %d is %d\n", i, 【2】);
  }
}
void main()
{
  int   x[N][M] = {1,5,7,4,2,6,4,3,8,2,3,1};
  【3】;
}
```

28. 求出数组中的最大、最小元素值以及所有元素的均值,请填空。

```
【1】;
float average(int n,float array[])
{
     int i;
     float sum;
     max = min = sum = 【2】;
     for(i = 1;i < n;i++)
       { sum += array[i];
         if(max < array[i]) max = array[i];
         if(min > array[i]) min = array[i];
       }
     return(sum/n);
}
void main()
{
    int i;
    float aver,score[10];
    printf("input 10 score:\n");
    for(i = 0;i < 10;i++) scanf("%f", 【3】);
    aver = average(10,score);
    printf("max = %.2f\nmin = %.2f\naverage = %.2f\n",max,min,aver);
}
```

29. 本程序的函数 ver 是使输入的字符串按反序存放，在主函数中输入和输出字符串，请填空。

```
int ver( 【1】 )
{
    char t;
    int i,j;
    for(i=0,j=strlen(str);i<strlen(str)/2;i++,j--)
      { t=str[i]; 【2】 ; 【3】 ;}
}
void main()
{
    char str[100];
    scanf("%s",str);
    ver(str);
    printf("%s\n",str);
}
```

30. 若已定义：int a[10]，i;，以下 fun 函数的功能是：在第一个循环中给前 10 个数组元素依次赋 1、2、3、4、5、6、7、8、9、10；在第二个循环中使 a 数组前 10 个元素中的值对称折叠，变成 1、2、3、4、5、5、4、3、2、1。请填空。

```
int fun( int  a[ ])
{
    int  i;
    for(i=1; i<=10; i++) 【1】 =i;
    for(i=0; i<5; i++) 【2】 =a[i];
}
```

31. 用选择法对数组进行由小到大排序，请填空。

```
void sort( 【1】 )
{
    int i,j,k,t;
    for(i=0;i<n-1;i++)
     { k=i;
       for( 【2】 ;j<n;j++)
          if(array[k]>array[j])  k=j;
       t=array[i];
       array[i]=array[k];
       array[k]=t;
      }
}
void main()
{
    int i,a[10];
    printf("input the array:\n");
    for(i=0;i<10;i++) scanf("%d",&a[i]);
    【3】 ;
    printf("the sorted array:\n");
    for(i=0;i<10;i++) printf("%6d",a[i]);
}
```

# 5.3 答　案

**一、选择题答案**

1. A 【解析】因为 x[2][2]=0。

2. C

3. C 【解析】字符串是否相等不能用==来判断,只能用 strcmp 函数判断。

4. C 【解析】选项 A 和选项 B 越界。

5. D 【解析】选项 A 数组元素与定义数组的类型不一致;选项 B 数组元素个数大于数组大小,选项 C 错在字符串不能给整型变量初始化。

6. C 【解析】越界。

7. C

8. C

9. D 【解析】数组定义时,必须用常量指定数组的大小。

10. C

11. C

12. D 【解析】字符串不能给字符数组赋值。

13. D

14. D 【解析】二维数组定义时无论何时第二维大小都不能省略。

15. A

16. B

17. A

18. C

19. C

20. A 【解析】注意字符数组中的转义字符。

21. A

22. C

23. B

24. B

25. D

26. D 【解析】按照要求进行输入,1 赋给字符变量 c,23 赋给整型变量 i,789 作为字符串赋给字符数组 s。

27. A

28. B 【解析】此程序为在数组中查找所输入的整数 x,即条件 x==a[i]为真,同 B 功能。

29. A

30. B 【解析】字符串不能给字符数组赋值。

31. C 【解析】通过循环给数组每个元素赋值,使用 getchar()时,回车符是有效字符。

32. A

33. B
34. D 【解析】w是字符型二维数组，每行是一个字符串，输出时注意开始位置。
35. C
36. D
37. A
38. A
39. B

**二、填空题答案**

1. 0
2. 越界
3. a=1234 b=5 或 a=1234b=5
4. 【1】'\0'　【2】'\0'　【3】x[i++]
5. 0246802468
6. 【1】gets(temp)　【2】strcpy(temp,str)
7. 5　4　3　2　1
8. s1=15　,s2=45
9. 【1】&a[i]　【2】i%4==0　【3】printf("\n");
10. Hello
11. 【1】a[i]　【2】i++或++i　【3】b[j]　【4】j++或++j
12. 【1】&a[i]　【2】i<N-1　【3】min=j
13. 【1】a　【2】a　【3】sum/n　【4】x[i]<ave
14. (1) 1　3　4　12　23　(2) 12 is the 4th number
15. 【1】2　【2】2　【3】i>=0
16. c[i][j]=a[i][j]+b[i][j]
17. 0　1　2　　0　1　2　　0　1　2　输出时不许换行
18. -850,2,0
19. EnglishGood
20. 【1】int　i,flag　【2】str[i]=getchar(　)　【3】str1[i]!=str[i]
21. 【1】j+=2　【2】a[i]>a[j]
22. 【1】'\0'或0　【2】strl[i]-str2[i]
23. 【1】(c=getchar())(注意，外层括号不得遗漏)　【2】+65 或 +'A'
24. QuickC
25. 【1】count=0　【2】! str2[k+1]
26. 【1】gets(s)　【2】word=0　【3】num++
27. 【1】p=j　【2】x[i][p]　【3】LineMax(x)
28. 【1】float min,max　【2】array[0]　【3】&score[i]
29. 【1】char str[]　【2】str[i]=str[j-1]　【3】str[j-1]=t
30. 【1】a[i-1]　【2】a[9-i]
31. 【1】int n,int array[]　【2】j=i+1　【3】sort(10,a)

# 第 6 章　预处理命令

## 6.1　选　择　题

1. 下面叙述中正确的是(　　)。
   A. 带参数的宏定义中参数是没有类型的
   B. 宏展开将占用程序的运行时间
   C. 宏定义命令是 C 语言中的一种特殊语句
   D. 使用＃include 命令包含的头文件必须以“. h”为后缀
2. 下面叙述中正确的是(　　)。
   A. 宏定义是 C 语句,所以要在行末加分号
   B. 可以使用＃undef 命令来终止宏定义的作用域
   C. 在进行宏定义时,宏定义不能层层嵌套
   D. 对程序中用双引号括起来的字符串内的字符,与宏名相同的要进行置换
3. 下面叙述中不正确的是(　　)。
   A. 函数调用时,先求出实参表达式,然后代入形参。而使用带参的宏只是进行简单的字符替换
   B. 函数调用是在程序运行时处理的,分配临时的内存单元。而宏展开则是在编译时进行的,在展开时也要分配内存单元,进行值传递
   C. 对于函数中的实参和形参都要定义类型,二者的类型要求一致,而宏不存在类型问题,宏没有类型
   D. 调用函数只可得到一个返回值,而用宏可以设法得到几个结果
4. 下面叙述中不正确的是(　　)。
   A. 使用宏的次数较多时,宏展开后源程序长度增长。而函数调用不会使源程序变长
   B. 函数调用是在程序运行时处理的,分配临时的内存单元。而宏展开则是在编译时进行的,在展开时不分配内存单元,不进行值传递
   C. 宏替换占用编译时间
   D. 函数调用占用编译时间
5. 下面叙述中正确的是(　　)。
   A. ＃define 和 printf 都是 C 语句　　B. ＃define 是 C 语句,而 printf 不是
   C. printf 是 C 语句,但＃define 不是　　D. ＃define 和 printf 都不是 C 语句

6. 以下叙述中正确的是(　　)。

A. 用#include包含的头文件的后缀不可以是“.a”

B. 若一些源程序中包含某个头文件；当该头文件有错时，只需对该头文件进行修改，包含此头文件所有源程序不必重新进行编译

C. 宏命令行可以看作是一行C语句

D. C编译中的预处理是在编译之前进行的

7. 下列程序运行结果为(　　)。

```
#include "stdio.h"
#define R 3.0
#define PI 3.1415926
#define L 2*PI*R
#define S PI*R*R
void main()
{
  printf("L=%f S=%f\n",L,S);
}
```

A. L=18.849556　S=28.274333

B. 18.849556=18.849556　28.274333=28.274333

C. L=18.849556　28.274333=28.274333

D. 18.849556=18.849556　S=28.274333

8. 以下程序执行的输出结果是(　　)。

```
#include "stdio.h"
#define MIN(x,y) (x)<(y)?(x):(y)
void main()
{
    int i,j,k;
    i=10;j=15;
    k=10*MIN(i,j);
    printf("%d\n",k);
}
```

A. 15　　B. 100　　C. 10　　D. 150

9. 下列程序执行后的输出结果是(　　)。

```
#include "stdio.h"
 #define MA(x) x*(x-1)
 void main()
{
  int a=1,b=2;
  printf("%d \n",MA(1+a+b));
}
```

A. 6　　B. 8　　C. 10　　D. 12

10. 程序中头文件typel.h的内容是(　　)。

```
#include "stdio.h"
```

```
#define  N   5
#define  M1  N*3
```

程序如下：

```
#include  "type1.h"
#define  M2  N*2
void main()
{
  int i;
  i = M1 + M2;
  printf("%d\n",i);
}
```

程序编译后运行的输出结果是(　　)。

A. 10　　B. 20　　C. 25　　D. 30

11. 请读程序：

```
#include <stdio.h>
#define SUB(X,Y) (X) * Y
void main()
{
  int a = 3, b = 4;
  printf("%d", SUB(a++, b++));
}
```

上面程序的输出结果是(　　)。

A. 12　　B. 15　　C. 16　　D. 20

12. 执行下面的程序后，a 的值是(　　)。

```
#include "stdio.h"
#define    SQR(X)  X*X
void main( )
{
  int a = 10,k = 2,m = 1;
  a/ = SQR(k + m)/SQR(k + m);
  printf("%d\n",a);
}
```

A. 10　　B. 1　　C. 9　　D. 0

13. 设有以下宏定义

```
#include "stdio.h"
#define  N  3
#define  Y(n)  ((N+1) * n)
```

则执行语句:z=2 * (N+Y(5+1));后，z 的值为(　　)。

A. 出错　　B. 42　　C. 48　　D. 54

14. 以下程序的输出结果是(　　)。

```
#include "stdio.h"
```

```
#define f(x) x * x
void main( )
{
  int a = 6,b = 2,c;
  c = f(a) / f(b);
  printf(" %d\n",c);
}
```

A. 9　　B. 6　　C. 36　　D. 18

15. 有如下程序

```
#include "stdio.h"
#define  N  2
#define  M  N + 1
#define  NUM  2 * M + 1
void main()
{
  int  i;
  for(i = 1;i <= NUM;i++)
  printf(" %d\n",i);
}
```

该程序中的 for 循环执行的次数是(　　)。

A. 5　　B. 6　　C. 7　　D. 8

16. 执行如下程序后,输出结果为(　　)。

```
#include "stdio.h"
#include <stdio.h>
#define  N  4 + 1
#define  M  N * 2 + N
#define  RE  5 * M + M * N
void main()
{
  printf(" %d",RE/2);
}
```

A. 150　　B. 100

C. 41　　D. 以上结果都不正确

## 6.2 填 空 题

1. 以下程序的输出结果是________。

```
#include "stdio.h"
#define  MAX(x,y)  (x)>(y)?(x):(y)
void main()
{
  int  a = 5,b = 2,c = 3,d = 3,t;
  t = MAX(a + b,c + d) * 10;
```

```
    printf(" %d\n",t);
}
```

2. 下面程序的运行结果是________。

```
#include "stdio.h"
#define   N   10
#define   s(x)   x*x
#define   f(x)   (x*x)
void main()
{
    int i1,i2;
    i1 = 1000/s(N);
    i2 = 1000/f(N);
    printf(" %d, %d\n",i1,i2);
}
```

3. 设有如下宏定义

```
#define   MYSWAP(z,x,y)   {z = x; x = y; y = z;}
```

以下程序段通过宏调用实现变量 a、b 内容交换，请填空。

```
float   a = 5,b = 16,c;
MYSWAP(________,a,b);
```

4. 计算圆的周长、面积和球的体积。

```
【1】____
void main()
{
    float l,r,s,v;
    printf("input a radus: ");
    scanf(" %f ", 【2】 );
    l = 2.0 * PI * r;
    s = PI * r * r;
    v = 4.0/3 * ( 【3】 );
    printf("l = %.4f\n s = %.4f\n v = %.4f\n",l,s,v);
}
```

5. 计算圆的周长、面积和球的体积，请填空。

```
#include "stdio.h"
#define PI 3.1415926
#define 【1】 L = 2 * PI * R; 【2】 ;
void main()
{
    float r,l,s,v;
    printf("input a radus: ");
    scanf(" %f",&r);
    CIRCLE(r,l,s,v);
    printf("r = %.2f\n l = %.2f\n s = %.2f\n v = %.2f\n", 【3】 );
}
```

## 6.3 答　　案

**一、选择题答案**

1. A 【解析】宏展开不占用运行时间，是在编译之前完成的，宏定义是命令不是可执行语句。

2. B

3. B

4. D

5. D

6. D

7. A

8. A 【解析】宏替换后为：10＊(i)<(j)?(i)：(j)，代入 i,j 的值，最后为 j 的值 15。

9. B 【解析】宏替换后为：1＋a＋b＊(1＋a＋b)。

10. C

11. A

12. B 【解析】替换后为 k＋m＊k＋m/k＋m＊k＋m。

13. C 【解析】宏替换后为：z＝2＊(N＋((N＋1)＊5＋1))，代入 N＝3，计算 z＝48。

14. C 【解析】宏替换后为：c＝a＊a/b＊b。

15. B 【解析】宏替换后为：NUM 为 2＊N＋1＋1＝6。

16. C 【解析】宏替换后为：5＊N＊2＋N＋N＊2＋N＊N/2，然后代入 N＝4＋1 整理后为 5＊4＋1＊2＋4＋1＋4＋1＊2＋4＋1＊4＋1/2＝41。

**二、填空题答案**

1. 7

2. 1000,10

3. c

4. 【1】#define PI 3.1415926　【2】&r
   【3】PI＊r＊r＊r

5. 【1】CIRCLE(R,L,S,V)　【2】S＝PI＊R＊R;V＝PI＊R＊R＊R＊4/3
   【3】r,l,s,v

# 第7章 指针

## 7.1 选择题

1. 变量的指针,其含义是指该变量的(　　)。

A. 值　　B. 地址　　C. 名　　D. 一个标志

2. 若有说明语句:int a, b, c, *d=&c;,则能正确从键盘读入三个整数分别赋给变量a、b、c的语句是(　　)。

A. scanf("%d%d%d", &a, &b, d)　　B. scanf("%d%d%d", a, b, d)

C. scanf("%d%d%d", &a, &b, &d)　　D. scanf("%d%d%d", a, b, *d)

3. 若已定义 int a=5;下面对(1)、(2)两个语句的正确解释是(　　)。

(1) int *p=&a;　(2) *p=a;

A. 语句(1)和(2)中的*p含义相同,都表示给指针变量p赋值

B. (1)和(2)语句的执行结果都是把变量a的地址值赋给指针变量p

C. (1) 在对p进行说明的同时进行初始化,使p指向a
　(2) 变量a的值赋给指针变量p

D. (1) 在对p进行说明的同时进行初始化,使p指向a
　(2) 将变量a的值赋予*p

4. 若需要建立如下所示的存储结构,且已有说明 double *p, x=0.2345;则正确的赋值语句是(　　)。

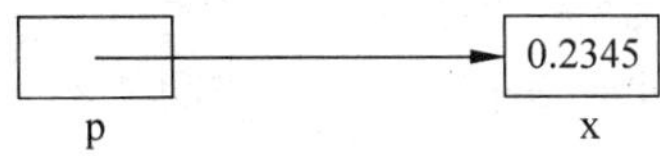


A. p=x　　B. p=&x　　C. *p=x　　D. *p=&x

5. 以下程序中调用 scanf 函数给变量 a 输入数值的方法是错误的,其错误原因是(　　)。

```
#include <stdio.h>
void main()
{
  int *p, *q, a, b;
  p = &a;
  printf("input a:");
  scanf("%d", *p);
  …
}
```

A. ＊p表示的是指针变量p的地址

B. ＊p表示的是变量a的值，而不是变量a的地址

C. ＊p表示的是指针变量p的值

D. ＊p只能用来说明p是一个指针变量

6. 下面判断正确的是(　　)。

A. char ＊s="girl"；等价于 char ＊s；＊s="girl"；

B. char s[10]={"girl"}；等价于 char s[10]；s[10]={"girl"}；

C. char ＊s="girl"；等价于　char ＊s；s="girl"；

D. char s[4]= "boy"，t[4]= "boy"；等价于 char s[4]=t[4]= "boy"

7. 设 char ＊s="\ta\017bc"；则指针变量s指向的字符串所占的字节数是(　　)。

A. 9　　B. 5　　C. 6　　D. 7

8. 以下不能正确进行字符串赋初值的语句是(　　)。

A. char str[5]= "good!"；

B. char ＊str="go od!"；

C. char str[]="good!"；

D. char str[5]={'g'，'o'，'o'，'d'}；

9. 若指针p已正确定义，要使p指向两个连续的整型动态存储单元，不正确的语句是(　　)。

A. p=2＊(int ＊)malloc(sizeof(int))；

B. p=(int ＊)malloc(2＊sizeof(int))；

C. p=(int ＊)malloc(2＊2)；

D. p=(int＊)calloc(2，sizeof(int))；

10. 设有如下的程序段：char s[]="girl"，＊t；　t=s;则下列叙述正确的是(　　)。

A. s和t完全相同

B. 数组s中的内容和指针变量t中的内容相等

C. s数组长度和t所指向的字符串长度相等

D. ＊t与s[0]相等

11. 以下与库函数 strcpy(char ＊p，char ＊q)功能不相等的程序段是(　　)。

A.
```
strcpy1(char *p, char *q)
{ while ((*p++ = *q++)!= '\0');
}
```

B.
```
strcpy2( char *p, char *q)
{    while((*p = *q)!= '\0')
{    p++;        q++;}
}
```

C.
```
strcpy3(char *p, char *q)
{   while (*p++ = *q++);
}
```

D.
```
strcpy4( char *p, char *q)
{    while(*p)
       *p++ = *q++;
}
```

12. 以下正确的程序段是(　　)。

A. char s[]="12345"，t[]="6543d21"；　strcpy( s,t)；

B. char s[20]，＊t="12345"；　strcat(s,t)；

C. char s[20]=" "，＊t="12345"；　strcat(s，t)；

D. char *s="12345", *t="54321";  strcat (s,t);

13. 若有以下定义和语句：

```
int s[4][5], (*ps)[5];
ps = s;
```

则对 s 数组元素的正确引用形式是(　　)。

A. ps+1　　B. *(ps+3)　　C. ps[0][2]　　D. *(ps+1)+3

14. 不合法的 main 函数命令行参数表示形式是(　　)。

A. main( int a, char *c[])　　B. main(int argc, char *argv)

C. main( int arc, char **arv)　　D. main( int argv, char*argc[])

15. 若有说明语句：char s[]="it is a example.", *t="it is a example.";则以下不正确的叙述是(　　)。

A. s 表示的是第一个字符 i 的地址,s+1 表示的是第二个字符 t 的地址

B. t 指向另外的字符串时,字符串的长度不受限制

C. t 变量中存放的地址值可以改变

D. s 中只能存放 16 个字符

16. 若已定义 char s[10];则在下面表达式中不表示 s[1]地址的是(　　)。

A. s+1　　B. s++　　C. &s[0]+1　　D. &s[1]

17. 下面程序段的运行结果是(　　)。(注：␣代表空格)

```
#include "stdio.h"
void main()
{   char s[6];
    s = "abcd";
    printf("\"%s\"\n", s);
}
```

A. "abcd"　　B. "abcd␣"　　C. \"abcd\"　　D. 编译出错

18. 执行以下程序后,a 的值为 **【1】** ,b 的值为 **【2】** 。

```
#include <stdio.h>
void main()
{
    int a, b, k = 4, m = 6, *p = &k, *q = &m;
    a = p == &m;
    b = ( - *p)/( *q) + 7;
    printf("a = %d\n", a);
    printf("b = %d\n", b);
}
```

【1】A. −1　　B. 1　　C. 0　　D. 4

【2】A. 5　　B. 6　　C. 7　　D. 10

19. 下面程序的功能是将字符串 s 的所有字符传送到字符串 t 中,要求每传递三个字符后再存放一个空格,例如字符串 s 为"abcdefg",则字符串 t 为"abc def g",请选择填空。

```
#include "stdio.h"
```

```
#include "string.h"
void main()
{
    int j, k = 0;
    char s[60], t[100], *p;
    p = s;
    gets(p);
    while( *p)
    {  for (j = 1; j <= 3 && *p; 【1】)  t[k] = *p;
         if ( 【2】 ) { t[k] = ' '; k++;}
         }
  t[k] = '\0';
  puts(t);
}
```

【1】A. p++　　B. p++,k++
　C. p++, k++, j++　　D. k++, j++

【2】A. j==4　　B. *p=='\0'
　C. ! *p　　D. j!=4

20. 下面程序的功能是将八进制正整数字符串转换为十进制整数。请选择填空。

```
#include "stdio.h"
#include "string.h"
void main()
{
  char *t, s[8];
  int n;
  t = s;
  gets(t);
  n = 【1】;
  while (【2】 != '\0') n = n*8 + *t - '0';
  printf("%d\n", n);
}
```

【1】A. 0　　B. *t　　C. *t-'0'　　D. *t+'0'

【2】A. *t　　B. *t++　　C. *(++t)　　D. t

21. 下面程序的功能是在字符串 s 中找出最大的字符并放在第一个位置上，并将该字符前的原字符往后顺序移动，如 boy&girl 变成 ybo&girl。请选择填空。

```
#include "stdio.h"
#include "string.h"
void main()
{
    char s[80], *t, max, *w;
    t = s;
    gets(t);
    max = *(t++);
    while ( *t!= '\0')
    {
        if (max < *t)
```

```
            { max = *t;  w = t; }
        t++;
    }
  t = w;
  while ( 【1】 )
    {
        *t = *(t-1);
        【2】 ;}
  *t = max;
  puts(t);
}
```

【1】A. t>s　　B. t>=s　　C. *t>s[0]　　D. *t>=s[0]

【2】A. t++　　B. s--　　C. t--　　D. w--

22. 下面程序的功能是统计字串 sub 在母串 s 中出现的次数，请选择填空。

```
#include "stdio.h"
#include "string.h"
void main()
{
  char s[80], sub[80];
  int n;
  gets(s);
  gets(sub);
  printf("%d\n", count(s,sub));
}
int count( char *p, char *q)
{
  int m, n, k, num = 0;
  for (m = 0; p[m]; m++)
      for ( 【1】 , k = 0; q[k] == p[n]; k++, n++)
          if(q[ 【2】 ] == '\0')
             { num++;  break;}
  return (num);
}
```

【1】A. n=m+1　　B. n=m　　C. n=0　　D. n=1

【2】A. k　　B. k++　　C. k+1　　D. ++k

23. 以下程序的输出结果是(　　)。

```
#include "stdio.h"
char cchar(char ch)
{
  if (ch>= 'A' && ch<= 'Z')  ch = ch- 'A' + 'a';
  return  ch;
}
void main()
{
  char s[] = "ABC + abc = defDEF", *p = s;
  while( *p)
```

```
    {
        * p = cchar( * p);
        p++;
    }
    printf(" % s\n",s);
}
```

A. abc+ABC=DEFdef　　B. abcaABCDEFdef

C. abc+abc=defdef　　D. abcabcdefdef

24. 以下程序的输出结果是(　　)。

```
#include "stdio.h"
#include "string.h"
void main()
{
  char b1[8] = "abcdefg", b2[8], * pb = b1 + 3;7
  while( -- pb >= b1) strcpy(b2, pb);
  printf(" % d\n", strlen(b2));
}
```

A. 8　　B. 3　　C. 1　　D. 7

25. 有以下程序

```
void ss( char   * s, char   t)
{
  while ( * s)
  {   if ( * s == t)  * s = t - 'a' + 'A';
        s++;
  }
}
void main()
{
  char   str[100] = "abcddfefdbd", c = 'd';
  ss(str, c);
  printf(" % s\n", str1);
}
```

程序运行后的输出结果是(　　)。

A. ABCDDEFEDBD　　B. abcDDfefDbD

C. abcAAfefAbA　　D. Abcddfefdbd

26. 有以下程序

```
#include "stdio.h"
#include "malloc.h"
void main()
{
  char * q,  * p;
  p = (char * ) malloc (sizeof(char) * 20);      /* 为指针 p 分配一个地址 */
  q = p;
  scanf(" % s % s", p, q);
```

```
    printf("%s %s\n", p, q);
}
```

若从键盘输入：abc　def↙，则输出结果是(　　)。

A. def　def　　B. abc　def　　C. abc　d　　D. d　d

27. 下面程序的运行结果是(　　)。

```
#include "stdio.h"
#include "string.h"
int fun( char *s)
{
    char t[10];
    s=t;
    strcpy(t, "example");
}
void main()
{
    char *s;
    fun(s);i
    puts(s);
}
```

A. example␣␣␣　　B. example␣␣

C. example　　D. 不确定的值

28. 下列程序的输出结果是(　　)。

```
#include "stdio.h"
void main()
{
    char a[10]={9,8,7,6,5,4,3,2,1,0}, *p=a+5;
    printf("%d", *--p);
}
```

A. 非法　　B. a[4]的地址　　C. 5　　D. 3

29. 有以下程序

```
#include "stdio.h"
#include "string.h"
void main(int argc, char *argv[])
{
    int m, length=0;
    for (m=1;m<argc; m++)  length+=strlen(argv[m]);
    printf("%d\n", length);
}
```

程序编译连接后生成的可执行文件是 file. exe，若执行时输入带参数的命令行是：

```
file  1234  567  89↙
```

则运行结果是________。

A. 22　　B. 17　　C. 12　　D. 9

30. 有以下函数：

```
char * fun(char * s)
{  …
  return s;
}
```

该函数的返回值是（　　）。

A. 无确定值

B. 形参 s 中存放的地址值

C. 一个临时存储单元的地址

D. 形参 s 自身的地址值

31. 假定下列程序的可执行文件名为 file. exe，则在该程序所在的子目录下输入命令行：

```
file  girl  boy↙
```

后，程序的输出结果是（　　）。

```
#include "stdio.h"
void main(int argc, char * argv[])
{
  int m;
  if (argc <= 0) return;
  for (m = 1; m < argc ; m++)
    printf("%c", * argv[m]);
}
```

A. girl boy　　B. gb　　C. gir　　D. girlboy

32. 设有一个名为 file 的 C 源程序，且已知命令行为 file　girl　boy　student，则可得到以下运行结果的 C 源程序为（　　）。

```
girl
boy
student
```

A.
```
void main( int argc, char * argv[])
{
 while (--argc > 1)
      printf("%s%c", * argv, (argc > 1)? '\n': ' ');
}
```

B.
```
void main( int a, char * b[])
{
  while (a-- > 1)
    printf("%s\n", * ++b);
}
```

C.
```
void main( int argc, char * argv[])
{
    while (++argc > 0)
       printf("%s%c", * ++argv, (argc > 1) ? ' ' : '\n');
}
```

D. void main(int argc, char * argv[])

```
{
  while (argc>1)
      printf(" %s", * ++argv);
}
```

## 7.2 填 空 题

1. 若有定义和语句：int a[4]={1,2,3,4}，* p; p=&a[2];，则 * --p 的值是________。

2. 若有定义和语句：int a[2][3]={0}，(* p)[3]; p=a;，则 p+1 表示数组________。

3. 若有如下定义和语句：

```
int * p[3], a[6], n;
for (m = 0;m<3;m + + ) p[m] = &a[2 * m];
```

则 * p[0]引用的是 a 数组元素【1】；*(p[1]+1)引用的是 a 数组元素【2】。

4. 若有以下定义和语句，在程序中引用数组元素 a[m]的 4 种形式是：【1】、【2】、【3】和 a[m]。(假设 m 已正确说明并赋值)

```
int a[10], * p;
p = a;
```

5. 设有定义：int a, * p=&a;以下语句将利用指针变量 p 读写变量 a 中的内容，请将语句补充完整。

```
scanf(" %d", 【1】 );
printf(" %d\n", 【2】 );
```

6. 请填空：

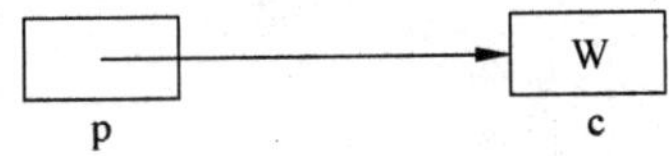


建立如图所示的存储结构所需的说明语句是【1】。

建立如图所示给 c 输入数据的输入语句是【2】。

建立如图所示存储结构所需的赋值语句是【3】。

7. 以下程序的运行结果是________。

```
#include "stdio.h"
#include "string.h"
int * p;
void main()
{
   int x = 1, y = 2, z = 3;
   p = &y;
   fun(x + z, &y);
```

```
    printf("(1) %d  %d  %d\n", x, y, *p);
}
fun( int x, int *y)
{
    int z = 4;
    *p= *y+z;
    x= *p-z;
    printf("(2) %d  %d  %d\n", x, *y, *p);
}
```

8. 下面程序段是把从终端读入的一行字符作为字符串放在字符数组中，然后输出。请填空。

```
#include "stdio.h"
#include "string.h"
void main()
{
    int m;
    char s[80], *t;
    for (m=0; m<79; m++)
    {
      s[m]=getchar();
      if (s[m]=='\n')  break;
    }
    s[m]= 【1】;
    t= 【2】;
    while (*t) putchar(*t++);
}
```

9. 下面程序段的运行结果是________。

```
char s[80], *t="EXAMPLE";
t=strcpy(s, t);
s[0]='e';
puts(t);
```

10. 函数 sstrcmp()的功能是对两个字符串进行比较。当 s 所指字符串相等时，返回值为 0；当 s 所指字符串大于 t 所指字符串时，返回值大于 0；当 s 所指字符串小于 t 所指字符串时，返回值小于 0(功能等同于库函数 strcmp())。请填空。

```
#include "stdio.h"
int  sstrcmp( char *s, char *t)
{
  while (*s && *t && *s== 【1】)
    {
      s++;
      t++;
    }
  return 【2】;
}
```

11. 下面程序的运行结果是________。

```
void swap(int *a, int *b)
{
    int *t;
    t = a;
    a = b;
    b = t;
}
void main()
{
   int x = 3, y = 5, *p = &x, *q = &y;
   swap(p,q);
   printf("%d  %d\n", *p, *q);
}
```

12. 以下程序的输出结果是________。

```
#include "stdio.h"
void main()
{
   char *p = "abcdefgh", *r;
   long *q;
   q = (long *) p;
   q++;
   r = (char *) q;
   printf("%s\n", r);
}
```

13. 下面程序的功能是将字符串中的数字字符删除后输出。请填空。

```
#include "stdio.h"
#include "malloc.h"
void delnum( char *t)
{
    int m, n;
    for (m = 0,n = 0; t[m]!= '\0';m++)
        if (t[m]<'0' 【1】 t[m]>'9')
              { t[n] = t[m]; n++;}
        【2】;
}
void main()
{
   char *s;
   s = (char *) malloc (sizeof(char));  /*给s分配一个地址*/
   printf("\n input the original string:");
   gets(s);
   delnum(s);
   puts( 【3】 );
}
```

14. 以下程序调用 findmax 函数返回数组中的最大值，请填空。

```
#include "stdio.h"
findmax( int *a, int n)
{
  int *p, *s;
  for (p=a, s=a; p-a<n; p++)
      if(________) s=p;
  return (*s);
}
void main()
{
  int x[5]={12,21,13,6,18};
  printf("%d\n", findmax(x,5));
}
```

15. 下面程序的功能是比较两个字符串是否相等，若相等则返回 1，否则返回 0。请填空。

```
#include "stdio.h"
#include "string.h"
fun (char *s, char *t)
{
  int m=0;
  while (*(s+m)==*(t+m) && 【1】 ) m++;
  return ( 【2】 );
}
```

16. 下面程序用来计算一个英文句子中最长单词的长度(字母个数)max。假设该英文句子中只含有字母和空格，在空格之间连续的字母串称为单词，句子以'.'为结束。请填空。

```
#include "stdio.h"
void main()
{
  static char s[]={" you make me happy when days are grey."}, *t;
  int max=0, length=0;
  t=s;
  while (*t!='.')
  {
      while (((*t<='Z')&&(*t>='A'))||((*t<='z')&&(*t>='a')))
      {
          length++;
          【1】;
      }
    if (max<length) 【2】;
    length=0;
    t++;
  }
  printf("max=%d", max);
}
```

17. 下面程序是判断输入的字符串是否是“回文”(顺读和倒读都一样的字符串称为“回

文”,如 level)。请填空。

```
#include "stdio.h"
#include "string.h"
void main()
{
   char s[80], *t1, *t2;
   int m;
   gets(s);
   m = strlen(s);
   t1 = s;
   t2 = 【1】;
   while(t1 < t2)
   {  if (*t1!= *t2)  break;
      else { t1++;
             【2】;}
      }
      if (t1 < t2) printf("NO\n");
      else printf("YES\n");
}
```

18. 当运行以下程序时,从键盘输入:

apple↙
tample↙

则下面程序的运行结果是________。

```
#include "stdio.h"
void main()
{
  char s[80], *t;
  t = s;
  gets(t);
  while (*(++t)!= '\0')
      if (*t == 'a') break;
      else { t++;  gets(t); }
  puts(t);
}
```

19. 当运行以下程序时,从键盘输入 6↙,则下面程序的运行结果是________。

```
#include "stdio.h"
#include "string.h"
void main()
{
  char s[] = "97531", c;
  c = getchar();
  f(s,c);
  puts(s);
}
f(char *t, char ch)
```

```
{
  while ( * (t++)!= '\0');
  while( * (t - 1)< ch)
      * (t -- ) = * (t - 1);
  * (t -- ) = ch;
}
```

20. 若有定义：int a[]={1,2,3,4,5,6,7,8,9,10,11,12}， * p[3]，m;则下面程序段的输出是________。

```
for ( m = 0; m < 3; m++) p[m] = &a[m * 4];
printf(" %d\n", p[2][2]);
```

21. 下面程序的运行结果是________。

```
#include "stdio.h"
void main()
{
  char s[] = "1357", * t;
  t = s;
  printf(" %c, %c\n", * t, ++ * t);
}
```

22. 以下程序将数组 a 中的数据按逆序存放，请填空。

```
#include "stdio.h"
#define M 10
void main()
{
  int a[M], m, n, temp;
  for( m = 0; m < M; m++) scanf (" %d", a + m);
  m = 0;
  n = M - 1;
  while(m < n)
  {
     stemp = * (a + m);
     【1】;
     * ( 【2】 ) = temp;
     m++;
     n -- ;}
  for (m = 0;m < M;m++) printf(" %3d", * (a + m));
}
```

23. 以下程序在 a 数组中查找与 x 值相同的元素的所在位置，请填空。

```
#include "stdio.h"
void main()
{
 int a[11], x, m;
 printf("please input ten numbers:\n");
 for(m = 1;m < 11;m++) scanf(" %d", a + m);
 printf("please input x:");
```

```
    scanf("%d", &x);
    *a= 【1】 ;
    m=10;
    while (x!= *(a+m))
            【2】 ;
    if (m>0) printf("%5d's position is : %4d\n", x, m);
    else printf("%d not been found!\n", x);
}
```

24. 以下程序的功能是________。

```
#include "stdio.h"
void main()
{
  char * s[]=={ "PASCAL", "FORTRAN", "COBOL", "BASIC"};
  char **p;
  int n;
  p=s;
  for (n=0;n<4;n++)
     printf("%s\n", *(p++));
}
```

25. 下面程序的输出结果是________。

```
#include "stdio.h"
void main()
{
  int b[2][3]={1,3,5,7,9,11};
  int *a[2][3];
  int i,j;
  int **p, m;
  for(i=0;i<2;i++)
      for(j=0;j<3;j++)
            a[i][j]= *(b+i)+j;
  p=a[0];
  for(m=0;m<6;m++)
    {
      printf("%4d", **p);
      p++;
    }
}
```

26. 定义语句 int *f();和 int (*f)();的含义分别为【1】和【2】。

27. 请根据运行结果,完成 main 函数中的填空。

```
Array_add( int a[], int n)
{
  int m, sum=0;
  for (m=0;m<n;m++)  sum+=a[m];
  return (sum);
}
void main()
```

```
{
  int Array_add(int a[], int n);
  static int a[3][4] = {2,4,6,8,10,12,14,16,18,20,22,24};
  int *p, total1, total2;
  【1】;
  pt = Array_add;
  p = a[0];
  total1 = Array_add(p,12);
  total2 = (*pt)(【2】);
  printf("total1 = %d\ntotal2 = %d\n", total1, total2);
}
```

运行结果：

```
total1 = 156
total2 = 156
```

## 7.3 答　　案

### 一、选择题答案

1. B
2. A
3. D
4. B 【解析】不能将一个常数随便赋给指针变量，指针变量指向必须明确。
5. B
6. C 【解析】字符串既可以给字符指针初始化又可以赋值。
7. C 【解析】注意转义字符代表一个字符，而且字符串有个结束标志'\0'。
8. A 【解析】选项A赋值的是6个字符。
9. A 【解析】掌握malloc函数的使用。
10. D
11. D
12. C 【解析】选项A数组t的长度大于数组s的长度。选项B字符串连接时要保证第一个参数字符串空间足够大，连接后能容纳下第二个参数的字符串，此选项对于数组s来说，有效字符个数未知，不知'\0'在什么位置，连接后可能越界。选项D中：s没有足够的空间容纳t所指的字符串。
13. C 【解析】ps的每个元素代表数组s每一行的首地址，这里选项ACD都是地址。
14. B
15. D 【解析】s的长度是17，记得有一个'\0'。
16. B 【解析】数组名是地址常量。
17. D 【解析】字符串不能给字符数组赋值，数组名是地址常量。
18. 【1】C　　【2】C　b=(−4/6)+7=0+7
19. 【1】C　　【2】A
20. 【1】C　　【2】C

21. 【1】A　　【2】C

22. 【1】B　　【2】C

23. C 【解析】被调函数实现将字母参数由大写转换为小写。

24. D 【解析】pb 指针最开始指向数组 b1 的'd'，while 循环第一次将"defg"复制给 b2，第二次将"cdefg"复制给 b2，以此类推，最后一次将"abcdefg"复制给 b2，最后 b2 的长度是 7。

25. B 【解析】被调函数的功能是将第一个参数数组里每个元素与第二个参数字符一一比较，相等就将其转为第二个参数的大写。

26. A 【解析】p 和 q 指向一块内存空间，输入时，def 覆盖了 abc，因此最后输出结果相同。

27. D 【解析】对于 main 函数来说，s 没有具体指向。在被调函数中，形参 s 的指向为数组 t，但不影响实参的指向。因此最后 main 中的 s 输出为不确定的值。

28. C 【解析】最开始 p 指向数组元素 4，输出时指针先减 1，指针上移，此时指针指向数组元素 5。

29. D 【解析】命令行参数的应用，在命令行输入 file　1234　567　89，将字符串"1234"赋给 argv[1]，"567"赋给 argv[2]，"89"赋给 argv[3]。通过 for 循环求出每个字符串的长度累加和。

30. B

31. B 【解析】循环时，每次输出每个字符串的首字符。

32. B

**二、填空题答案**

1. 2

2. &a[1][0]

3. 【1】a[0]　　【2】a[3]

4. 【1】*(p+m)　　【2】p[m]　　【3】*(a+m)

5. 【1】p　　【2】 *p

6. 【1】char *p, c;　　【2】scanf("%c", &c);或者 c=getchar();
   【3】p=&c;

7. (2) 2　6　6
   (1) 1　6　6

8. 【1】'\0'　　【2】s

9. eXAMPLE

10. 【1】*t　　【2】 *s-*t

11. 3　5

12. efgh

13. 【1】||　　【2】t[n]= '\0'　　【3】s

14. *s>*p

15. 【1】s[m]!='\0'　　【2】(*(s+m)== '\0' && *(t+m)=='\0')? 1: 0

16. 【1】t++　　【2】max=length

17. 【1】s+m-1　　【2】t2--
18. ample
19. 976531
20. 11
21. 2，2
22. 【1】*(a+m)=*(a+n)　　【2】a+n
23. 【1】x　　【2】m--
24. PASCAL
    FORTRAN
    COBOL
    BASIC
25. 1　3　5　7　9　11
26. 【1】函数的返回值为指向 int 类型的指针　【2】定义一个指向函数的指针
27. 【1】int (*pt)()　　【2】p,12

# 第 8 章　结构体与共用体

## 8.1 选　择　题

1. 以下程序运行的输出结果是(　　)。

```
#include<stdio.h>
void main()
{  union {
     char  i[2];
     short  k;
   }r;
   r.i[0]=2;
   r.i[1]=0;
   printf("%d\n",r.k);
}
```

A. 2　　　　B. 1　　　　C. 0　　　　D. 不确定

2. 有下列程序,输出结果是(　　)。

```
#include <stdio.h>
void main()
{  union
   {  short  k;
      char  i[2];
   } *s,a;
   s=&a;
   s->i[0]=0x39;
   s->i[1]=0x38;
   printf("%x\n",s->k);
}
```

A. 3839　　　　B. 3938　　　　C. 380039　　　　D. 390038

3. 若有下面的说明和定义,则 sizeof(struct aa)的值是(　　)。

```
struct aa
{  int r1;
   double r2;
   float r3;
   union uu
   {  char u1[5];
       long u2[2];
```

```
    }ua;
}mya;
```

A. 32　　B. 29　　C. 24　　D. 22



4. 字符'0'的ASCII码的十进制数为48,且数组的第0个元素在低位,则以下程序的输出结果是(　　)。

```
#include <stdio.h>
void main()
{   union
    {   int i[2];
        long k;
        char c[8];
     } r, * s = &r6
     s -> i[0] = 0x39;
     s -> i[1] = 0x38;
     printf(" % c\n",s -> c[4]);
}
```

A. 39　　B. 9　　C. 38　　D. 8

5. 若已建立下面的链表结构,指针p,s分别指向图中所示的结点,则不能将结点s插入到链表末尾的语句组是(　　)。

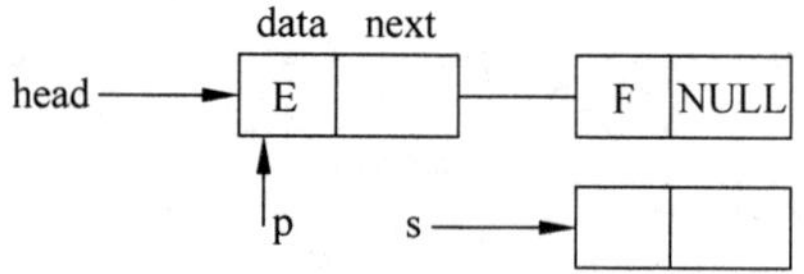


A. s－＞next＝null; p＝p－＞next; p－＞next＝s;

B. p＝p－＞next; s－＞next＝p－＞next＝; p－＞next＝s;

C. p＝p－＞next; s－＞next＝p; p－＞next＝s;

D. p＝(＊p). next; (＊s). next＝(＊p). next; (＊p). next＝s;

6. 下面程序的输出是(　　)。

```
#include <stdio.h>
void main()
{   enum team{my, your = 4, his, her = his + 10};
    printf(" % d % d % d % d\n", my, your, his, her);
}
```

A. 0 1 2 3　　B. 0 4 0 10　　C. 0 4 5 15　　D. 1 4 5 15

7. 下面程序的输出是(　　)。

```
#include <stdio.h>
void main()
{   struct cmplx{int x; int y;}cnum[2] = {1,3,2,7};
    printf(" % d\n", cnum[0].y/cnum[0].x * cnum[1].x);
}
```

A. 0　　B. 1　　C. 3　　D. 6

8. 下面程序的输出是(　　)。

```
typedef union { int x[2];
                short y[4];
                char z[8];
} MYTYPE;
MYTYPE them;
void main()
{   printf("%d\n",sizeof(them));
}
```

A. 32　　　　B. 16　　　　C. 8　　　　D. 24

## 8.2 填　空　题

1. 有以下定义和语句,则 sizeof(a)的值是<u>【1】</u>,而 sizeof(a.share)的值是<u>【2】</u>。

```
struct date
{ int day;
   int month;
   int year;
   union
   { int share1;
     float share2;
   }share;
} a;
```

2. 有以下说明定义语句,可用 a.day 引用结构体成员 day,请写出引用结构体成员 a.day 的其他两种形式:<u>【1】【2】</u>。

```
{ int day;
  char mouth;
  int year;
} a, *b;
b = &a;
```

3. 为了建立如图所示的存储结构(即每个结点含两个域,data 是数据域,next 是指向该结构的指针域,data 用以存放整型数),请填空。

| data | next |
| --- | --- |
| | |

```
struct link {char data; (________)}node;
```

4. 变量 root 有如图所示的存储结构,其中 sp 是指向字符串的指针的指针域,next 是指向该结构的指针域,data 用以存放整型数,请填空,完成此结构的类型说明和变量 root 的定义。

| root | SD | data | next |
| --- | --- | --- | --- |

```
struct list
```

```
{
  char * sp;
  ( 【1】 )
  ( 【2】 )
}root;
```

5. 下列程序的执行结果为________(假设 int 占 2 字节)。

```
#include <stdio.h>
void main()
{   union bt
    {   int k;
        char c[2];
    }a;
    a.k = -7;
    printf("%o,%o\n",a.c[0],a.c[1]);
}
```

6. 若有以下的说明、定义和语句,则输出结果为________(假设 int 占 2 字节)。

```
#include <stdio.h>
void main()
{   union un
    {   int a;
        char c[2];
    } w;
    w.c[0] = 'A';w.c[1] = 'a';
    printf("%o\n",w.a);
}
```

7. 下面程序的输出结果是________。

```
#include <stdio.h>
struct ks
{ int a;int *b;};
void main()
{   struct ks s[4], *p;int n = 1,i;
    for(i = 0;i < 4;i++)
    {    s[i].a = n;
         s[i].b = &s[i].a;
         n = n + 2;
    }
    p = &s[0];
    printf("%d,%d\n",++(*p->b), *(s+2)->b);
}
```

8. 下面程序的输出结果是________。

```
#include<stdio.h>
union pw
{   int i;
    char ch[2];
} a;
```

```
void main()
{   a.ch[0] = 13;
    a.ch[1] = 0;
    printf("%d\n",a.i);
}
```

9. 设有以下的说明和语句，若 int 类型占两个字节，则以下的输出结果为________。

```
#include <stdio.h>
void main()
{   union un
    {   int i;
        double y;
    };
    struct st
    {   char a[10];
        union un b;
    };
    printf("%d\n",sizeof(struct st));
}
```

10. 下面程序的输出是________。

```
#include <stdio.h>
void main()
{   enum em{em1 = 3,em2 = 1,em3};
    char *aa[] = {"AA","BB","CC","DD"};
    printf("%s%s%s\n",aa[em1],aa[em2],aa[em3]);
}
```

## 8.3 答　　案

**一、选择题答案**

1. A 【解析】数组 i 和变量 k 公用 2 个字节的内存空间，通过给 i 数组赋值，内存空间保存值为 0000000000000010，因此输出 r.k 的结果 2。

2. A 【解析】数组 i 和变量 k 公用 2 个字节的内存空间，通过给 i 数组赋值，内存空间保存值为十六进制的 38039，因此以指针形式输出 s－＞k 的结果用十六进制表示就是 3839。

3. A 【解析】

结构体对其原则：

原则 1：数据成员对齐规则：结构(struct 或 union)的数据成员，第一个数据放在 offset 为 0 的地方，以后每个数据成员存储的起始位置要从该成员大小的整数倍开始(例如 int 占 4 字节，则要从 4 的整数倍地址开始存储)。

原则 2：结构体作为成员：如果一个结构体里有结构体成员，则结构体成员要从其内部最大元素大小的整数倍地址开始存储。

原则 3：收尾工作：结构体的总大小，必须是其内部最大成员的整数倍，不足的要补齐。

按照以上原则，该结构体中的数据成员最大是8个字节，则共用体成员要从8的整数倍开始，而数据成员也要与double对齐，因此就是8×4=32。

4. D 【解析】共用体分配8个字节，用十六进制表示每个字节的值00 00 00 38 00 00 00 39对应数组c的c[7]、c[6]、c[5]、c[4]、c[3]、c[2]、c[1]、c[0]。c[4]对应十六进制为38，转换为十进制为46，对应的字符是'8'。

5. C

6. C

7. D 【解析】结构体数组应用。输出表达式实际上是3/1 * 2=6。

8. C

**二、填空题答案**

1. 【1】10　　【2】4
2. 【1】( * b). day　　【2】b－>day
3. struct link  * next
4. 【1】struct list  * next　　【2】int data
5. 177771　177777
6. 60501
7. 2　5
8. 13
9. 24
10. DDBBCC

# 第9章 位 运 算

## 9.1 选 择 题

1. 以下程序的输出结果是(　　)。

```
#include <stdio.h>
void main()
{
  int x = 0.5;
  char  z = 'a';
  printf("%d\n", (x&1)&&(z<'z'));
}
```

A. 0　　B. 1　　C. 2　　D. 3

2. 若有以下程序段：

```
int a = 3,b = 4;
a = a ^ b; b = b ^ a; a = a ^ b;
```

则执行以上语句后,a 和 b 的值分别是(　　)。

A. a=3,b=4　　B. a=4,b=3

C. a=4,b=4　　D. a=3,b=3

3. 整型变量 x 和 y 的值相等且为非 0 值,则以下选项中,结果为零的表达式是(　　)。

A. x || y　　B. x | y　　C. x & y　　D. x ^ y

4. 以下程序中 c 的二进制值是(　　)。

```
char a = 3,b = 6,c;
c = a ^ b << 2;
```

A. 00011011　　B. 00010100　　C. 00011100　　D. 00011000

5. 以下程序的输出结果是(　　)。

```
#include <stdio.h>
void main()
{
  char  x = 040;
  printf("%o\n",x << 1);
}
```

A. 100　　B. 80　　C. 64　　D. 32

6. 有以下程序

```
void main()
{
    unsigned char a,b,c;
    a = 0x3;  b = a|0x8;   c = b<<1;
     printf("%d %d\n",b,c);
}
```

程序运行后的输出结果是(　　)。

A. −11 12　　B. −6 −13　　C. 12 24　　D. 11 22

7. 语句 printf("%d \n",12 &012);的输出结果是(　　)。

A. 12　　B. 8　　C. 6　　D. 012

8. 以下程序的输出结果是(　　)。

```
#include <stdio.h>
void main()
{
    int x = 3,y = 2,z = 1;
    printf("%s = %d\n","x/y&z",x/y&z);
    printf("%s = %d\n","x^y&~z", x^y&~z);
}
```

A. x/y&z=0<br>x^y&~z=0　　B. x/y&z=1<br>x^y&~z=0　　C. s=x/y&z=0<br>s=x^y&~z=1　　D. x/y&z=1<br>x^y&~z=1

9. 以下程序的输出结果是(　　)。

```
char a = 222;
a = a&052;
printf("%d,%o\n",a,a);
```

A. 222,336　　B. 10,12　　C. 244,364　　D. 254,376

10. 以下程序的输出结果是(　　)。

```
#include <stdio.h>
void main()
{
    unsigned int x = 3,y = 10;
    printf("%d\n",x<<2|y>>1);
}
```

A. 1　　B. 5　　C. 12　　D. 13

## 9.2 填空题

1. 程序执行时输入 61,输出的结果是________。

```
#include <stdio.h>
void main()
```

```
{
    unsigned char a,b;
    scanf("%x",&a);
    b=a<<2;
    printf("%x\n",b);
}
```

2. 取一个整数 a 从右端开始的 4～7 位，程序如下：

```
#include <stdio.h>
void main()
{
    unsigned  a,b,c,d;
    scanf("%o",&a);
    b=a>>4;
    c=~(~0<<4);
    d=b&c;
    printf("%o,%o\n",a,d);
}
```

若输入 a 的值为 331，则输出为________。

3. 请用位运算实现下述目标(设 16 位二进制数的最低位为零位)：(1)输出无符号正整数 m 的第 i 个二进制位的数值。(2)把 m 的第 i 个二进制位的数值置 1，其余的位不变，然后输出 m。

```
#include "stdio.h"
【1】__________
void main()
{
    unsigned k,i,m=0;
    scanf("%d,%d",&m,&i);
    k= 【2】;
    printf("%d\n",k);
    k=pow(2,i);
    m= 【3】;
    printf("%d\n",m);
}
```

## 9.3 答　　案

### 一、选择题答案

1. A 【解析】位运算只能操作整型数值，x 取为 0，结果为 0。
2. B 【解析】经过这样的 3 次异或，不用借助第三个变量实现了两个变量值的交换。
3. D
4. A
5. A
6. D

7. B

8. D

9. B

10. D

**二、填空题答案**

1. 84

2. 331　15

3. 【1】 #include "math.h"　　【2】 m>>i&1　　【3】 m|k

# 第10章 文 件

## 10.1 选 择 题

1. C 语言可以处理的文件类型是(　　)。

A. 文本文件和数据文件　　B. 文本文件和二进制文件

C. 数据文件和二进制文件　　D. 以上都不完全正确

2. 缺省状态下,系统的标准输入文件(设备)是指(　　)。

A. 键盘　　B. 硬盘　　C. 软盘　　D. 显示器

3. 缺省状态下,系统的标准输出文件(设备)是指(　　)。

A. 键盘　　B. 显示器　　C. 软盘　　D. 硬盘

4. 若 fp 是指向某文件的指针,且已读到该文件的末尾,则 C 语言库函数 feof(fp)的返回值是(　　)。

A. EOF　　B. －1　　C. 非零值　　D. NULL

5. 若要打开 A 盘上 user 子目录下名为 abc.txt 的文本文件进行读、写操作,下面符合此要求的函数调用是(　　)。

A. fopen("A:\user\abc.txt","r")

B. fopen("A:\\user\\abc.txt","r＋")

C. fopen("A:\user\abc.txt","rb")

D. fopen("A:\\user\\abc.txt","w")

6. 若要以只读方式打开一个新的二进制文件,则打开时使用的方式字符串是(　　)。

A. “wb”　　B. “a＋”　　C. “rb”　　D. “rb＋”

7. 已知函数 fwrite 的一般调用形式是 fwrite(buffer,size,count,fp),其中 buffer 代表的是(　　)。

A. 一个指向要输出文件的文件指针

B. 存放输出数据项的存储区

C. 要输出数据项的总数

D. 存放要输出的数据的地址或指向此地址的指针

8. 若调用 fputc(　　)的函数输出字符成功,则其返回值是(　　)。

A. EOF　　B. 1　　C. 0　　D. 输出的字符

9. 以下叙述中错误的是(　　)。

A. 二进制文件打开后可以先读文件的末尾,而顺序文件不可以

B. 在程序结束时,应当用 fclose 函数关闭已打开的文件

C. 在利用 fread 函数从二进制文件中读数据时,可以用数组名给数组中的所有元素读入数据

D. 不可以用 FILE 定义指向二进制文件的文件指针

10. 在 C 程序中,可把整型数以二进制形式存放到文件中的函数是(　　)。

A. fprintf 函数　　B. fread 函数　　C. fwrite 函数　　D. fputc 函数

11. 下面的程序执行后,文件 test.t 中的内容是(　　)。

```
#include <stdio.h>
void fun(char * fname.,char * st)
{
   FILE * myf; int i;
   myf = fopen(fname,"w" );
   for(i = 0;i < strlen(st); i++)   fputc(st[i],myf);
   fclose(myf)
}
void main()
{
   fun("test.t","new world"); fun("test.t","hello");
}
```

A. hello　　B. new worldhello

C. new world　　D. hello, rld

12. 有以下程序

```
#include <stdio.h>
void main()
{
    FILE * fp; int i = 20,j = 30,k,n;
    fp = fopen("d1.dat","w");
    fprintf(fp," %d\n",i);
    fprintf(fp," %d\n",j);
    fclose(fp);
    fp = fopen("d1.dat","r");
    fscanf(fp," %d %d",&k,&n);
    printf(" %d %d\n",k,n);
    fclose(fp);
}
```

程序运行后的输出结果是(　　)。

A. 2030　　B. 2050　　C. 3050　　D. 3020

13. 以下程序的功能是(　　)。

```
#include< stdio.h>
void main()
{
  FILE * fp;
  fp = fopen("abc","r + ");
  while(!feof(fp))
      if(fgetc(fp) == ' * ')
```

```
    {  fseek(fp, - 1L,SEEK_CUR);
       fputc('$',fp);
       fseek(fp,ftell(fp),SEEK_SET);
       }
       fclose(fp);
}
```

A. 将 abc 文件中所有'*'替换为'$'

B. 查找 abc 文件中所有'*'

C. 查找 abc 文件中所有'$'

D. 将 abc 文件中所有字符替换为'$'

14. 如下程序执行后,abc 文件的内容是(　　)。

```
#include<stdio.h>
void main()
{
    FILE *fp;
    char *str1 = "first";
    char *str2 = "second";
    if((fp = fopen("abc","w+")) == NULL)
    {
        printf("Can't open abc  file\n");
        exit(1);
    }
    fwrite(str2,6,1,fp);
    fseek(fp,0L,SEEK_SET);
    fwrite(str1,5,1,fp);
    fclose(fp);
}
```

A. first　　B. second　　C. firstd　　D. 为空

## 10.2 填　空　题

1. 下面的程序用来统计文件中字符的个数,请填空。

```
#include <stdio.h>
void main()
{
  FILE *fp;
  long num = 0;
  if(( fp = fopen("fname.dat","r")) == NULL)
  {  printf( "Can't open file! \n"); exit(0);}
     while ________
    { fgetc(fp); num++;}
     printf("num = %d\n", num);
     fclose(fp);
}
```

2. 以下程序求 a:ab.c 文件中最长行和它的位置，请填空。

```
#include <stdio.h>
void main()
{
    int lin,i,j=0,k=0;
    char c;
    FILE * fp;
    fp=fopen("a:ab.c","r");
    rewind(fp);
    while (fgetc(fp)!=EOF)
    {     i=1;
          【1】
          {  i++; }
          j++;
          if (i>=k)  {  k=i; 【2】 }
    }
    printf("\n%d\t%d\n",k,lin);
    close(fp);
}
```

3. 有一磁盘文件，第一次将它显示在屏幕上，第二次把它复制到另一文件中，请填空。

```
#include <stdio.h>
void main()
{
    FILE *fp1, *fp2;
    fp1=fopen("file1.c","r");
    if (!fp1)
    {
        printf("Can't  open file  file1.c");
        exit(0);
    }
    fp2=fopen("file2.c", "w");
    if(!fp2)
    {
        printf("Can't  open file  file2.c");
        exit(0);
    }
    while(!feof(fp1)) putchar(getc(fp1));
     【1】;
    while (!feof(fp1)) putc( 【2】 ,fp2);
    fclose(fp1);
    fclose(fp2);
}
```

4. 以下程序段打开文件后，先利用 fseek 函数将文件位置指针定位在文件末尾，然后调用 ftell 函数返回当前文件位置指针的具体位置，从而确定文件长度，请填空。

```
FILE  *myf;  long  f1;
myf= ________ ("test.t", "rb");
fseek(myf,0,SEEK_END.; f1=ftell(myf);
```

```
fclose(myf);
printf(" % d\n",f1);
```

5. 以下程序的功能是:从键盘输入一个字符串,把该字符串中的小写字母转换为大写字母,输出到文件 test. txt 中,然后从该文件读出字符串并显示出来,请填空。

```
#include <stdio.h>
void main()
{
 FILE     *fp;
 char    str[100];     int   i=0;
 if((fp=fopen("text.txt",【1】))==NULL)
  { printf("can't open this file.\n");exit(0);}
  printf("input astring:\n");     gets(str);
  while (str[i])
  { if(str[i]>='a'&&str[i]<='z')
      str[i]=【2】;
      fputc(str[i],fp);
      i++;
  }
  fclose(fp);
  fp=fopen("test.txt",【3】);
  fgets(str,100,fp);
  printf(" % s\n",str);
  fclose(fp);
}
```

6. 以下程序将用户从键盘上随机输入的 30 个学生的学号、姓名、数学成绩、计算机成绩及总分写入数据文件 score. txt 中,假设 30 个学生的学号从 1 到 30 连续。输入时不必按学号顺序进行,程序自动按学号顺序将输入的数据写入文件,请在程序中的空白处填入一条语句或一个表达式。

```
#include <stdio.h>
FILE  *fp;
void main()
{
   struct     st
   {  int   number;
      char  name[20];
      float  math;
      float  computer;
      float  total;
   } student;
   int  i,j;
   if((fp=fopen("score.txt","wb+"))==NULL)
   {  printf("file  open  error\n");
      exut(1);
   }
   for(i=0;i<30;i++)
   {   scanf (" % d, % 20s, % f, % f", &student. number, student. name, &student. math, &student.
```

```
computer);
        student.total = student.math + student.computer;
        j = student.number - 1;
        ________;
        if(fwrite(&student,sizeof(student),1,fp)!= 1)
        printf("write file error\n");
    }
    fclose(fp);
}
```

## 10.3 答 案

**一、选择题答案**

1. B
2. A
3. B
4. C
5. B
6. C
7. D
8. D
9. D
10. C
11. A 以“w”方式打开文件,后面写入的内容 hello 覆盖前面的内容 new world。
12. A 以写方式打开文件 d1.dat,将变量 i,j 按照整型数的格式写入文件,然后关闭文件。再次以读方式打开文件 d1.dat,从文件中读取数据到变量 k 和 n。
13. A
14. A

**二、填空题答案**

1. (! feof(fp))或(feof(fp)==0)
2. 【1】while(fgetc(fp)!= '\n') 【2】lin=j
3. 【1】remind(fp1) 【2】getc(fp1)
4. fopen
5. 【1】"w"或"w+"或"wt"或"w+t"或"""wt+"
   【2】str[i]-32 或 str[i]-('a'-'A')或 str[i]-'a'+'A'
   【3】"r"或"r+"或"r+t"或"rt+"
6. fseek(fp,(long)(j * sizeof(struct st)),0)

# 第 2 部分

# 实 验 篇

# 实验 1　C 程序的运行环境

## 一、实验目的

(1) 了解所用的 C 编译器 Visual C++ 6.0 的基础操作方法，学会独立使用该编译系统。

(2) 了解在该系统上如何编辑、编译、链接和运行一个 C 程序。

(3) 通过运行简单的 C 程序，初步了解 C 程序开发的特点。

## 二、实验内容

(1) 检查所用的计算机系统是否已安装了 C 编译系统 Visual C++ 6.0。

(2) 建立用户自己的子目录。

利用“Windows 资源管理器”在磁盘(如 D 盘)上建立自己的文件夹。

(3) 进入 Visual C++ 6.0 工作环境(见图 2-1-1)。

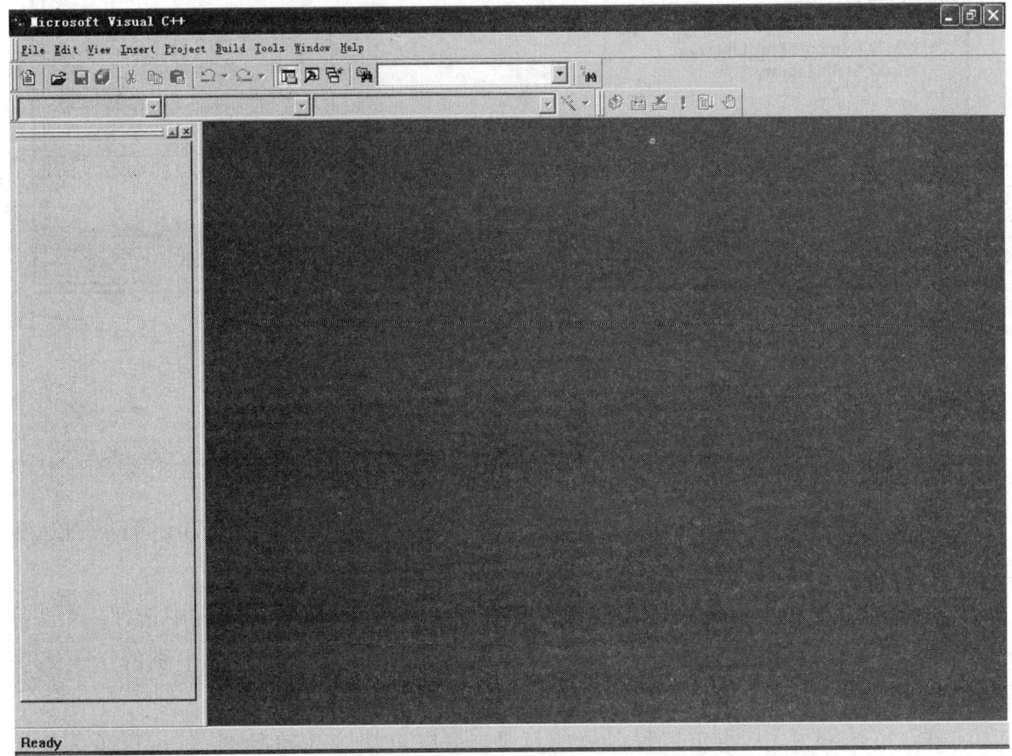


图　2-1-1

(4) 熟悉 Visual C++ 6.0 常用菜单项、功能键及其意义。

(5) 创建、组织文件、工程和工作区。

① 新建工程。

② 新建工作区。

③ 增加已有文件到工程中。

④ 打开工作区。

⑤ 设置当前工程。

项目工作区是一个包含用户的所有相关项目和配置的实体。工程定义为一个配置和一组文件,用以生成最终的程序或二进制文件。一个项目工作区可以包含多个工程。工作区以.dsw为后缀名,项目文件以.dsp为后缀名。项目工作区如图 2-1-2 所示。

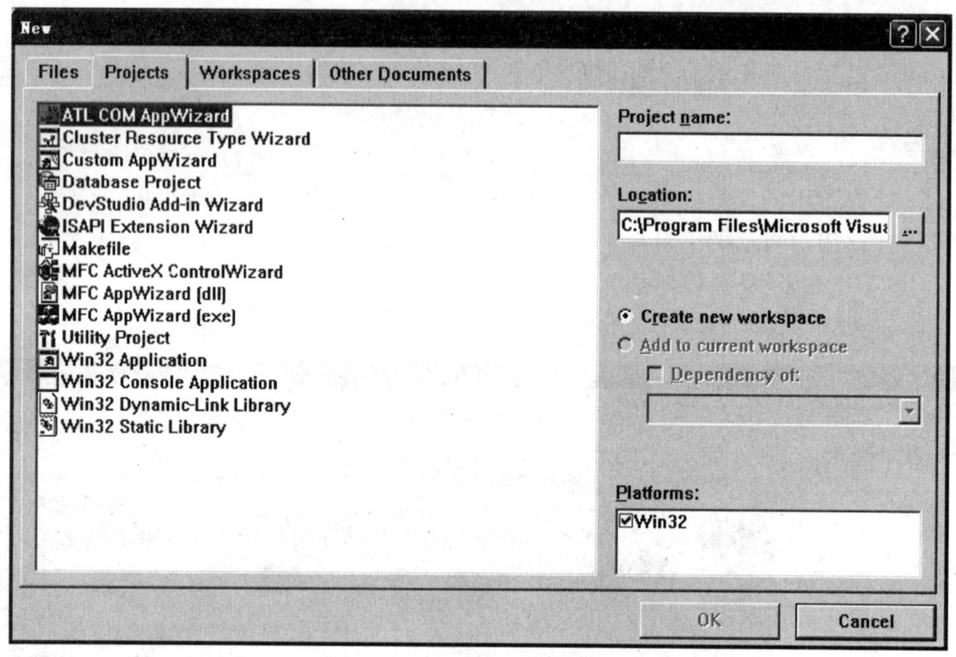


图 2-1-2

要新建一个工程,可以:

a. 执行 File→New 命令,打开 Projects 选项卡。

b. 从列表中选择项目类型。

c. 单击 Create New Workspace(新建工作区)或 Add to Current Workspace(加入到当前工作区中)。

d. 要使新工程为子工程,可以选择 Dependency of 检查框,并从列表中选择一个工程。

e. 在 Project Name 框中输入新工程名,确保该名字必须与工作区中别的工程名字不重名。

f. 在 Location 框中,指定工程存放的目录:可以直接输入路径名,也可以单击旁边的 Browse 按钮,浏览选择一个路径。

g. 单击 Platform 框中的相应检查框,指定工程的开发平台。

要创建一个空的工作区，可以：

a. 执行 File→New 命令。

b. 在随后弹出的对话框中，单击 Workspace 标签。

c. 从类型列表中选择 Blank Workspace。

d. 在 Workspace Name 框中输入名字，注意名字不能与它将要包含的工程同名。

e. 在 Location 框中指定存放工作区文件的目录。

f. 单击 OK 按钮。

要增加已有文件到工程中，可以：

a. 打开包含目标工程的项目工作区文件。

b. 在 Project 菜单中，选择 Add to Project 命令，然后单击 Files 标签。

c. 在 Insert Files into Project 对话框中浏览并定位要加入到工程中的文件名，然后选择它们。

d. 从 Insert Into 中选择工程名字，然后单击 OK 按钮。

要打开工作区，可以：

选择 File→Open Workspace 命令，指定要打开的工作区；或选择 File→Recent Workspaces 从最近打开过的工作区列表中选择一个。

设置当前工程：

选择 Project Setting，可以为当前工程设置编译、链接和 C/C++等各种选项。

(6) 编辑下面的程序、编译并运行。

① 输入以下程序：

```
#include  <stdio.h>
void main()
{
    printf(" ***** \n");
    printf(" Hello.\n");
    printf(" ***** \n");
}
```

② 输入以下程序：

```
#include  <stdio.h>
void main()
{
    int a,b,sum;
    a = 100;b = 200;
    sum = a + b;
printf("sum is %d\n",sum);
}
```

③ 编辑并运行一个需要在运行时输入数据的程序：

```
#include  <stdio.h>
void main()
{
```

```
    int a,b, max;
    scanf("%d%d",&a,&b);
    if(a>b) max=a;
    else max=b;
    printf("%d",max);
}
```

# 实验2　数据类型、运算符和表达式

## 一、实验目的

(1) 掌握C语言基本数据类型,熟悉如何定义一个整型、字符型和实型的变量,以及对它们赋值的方法。

(2) 掌握不同的数据类型数据之间赋值的规律。

(3) 学会使用C语言的有关算术运算符,以及包含这些运算符的表达式,特别是自加(++)和自减(——)运算符的使用。

(4) 进一步熟悉C程序的编辑、编译、链接和运行的过程。

## 二、实验内容

(1) 写出以下程序运行的结果。

```
#include <stdio.h>
void main()
{
    char c1 = 'a',c2 = 'b',c3 = 'c',c4 = '\101',c5 = '\116';
    printf("a%cb%c\tc%c\tabc\n",c1,c2,c3);
    printf("\t\b%c%c",c4,c5);
}
```

(2) 写出程序的运行结果。

```
#include <stdio.h>
void main()
{
    char c1,c2;                      /*定义字符型变量*/
    c1 = 97;                         /*向字符变量赋以整数*/
    c2 = 98;
    printf("%c %c\n",c1,c2);         /*以字符形式输出*/
    printf("%d %d\n",c1,c2);         /*以整数形式输出*/
}
```

**想一想**:如果改成 int c1,c2;会怎样?

(3) 要将"China"译成密码,密码规律是:用原来的字母后面第4个字母代替原来的字母。例如,字母"A"后面第4个字母是"E",用"E"代替"A"。因此"China"应译为"Glmre"。请编一程序,用赋初值的方法使c1、c2、c3、c4、c5五个变量的值分别为'C'、'h'、'i'、'n'、'a',经过运算,使c1、c2、c3、c4、c5分别变为'G'、'l'、'm'、'r'、'e',并输出。

```
#include <stdio.h>
void main()
{
    char c1 = 'C',c2 = 'h',c3 = 'i',c4 = 'n',c5 = 'a';   /*字符型变量初始化*/
    c1 + = 4;                                            /*字符型变量可与整数进行算术运算*/
    c2 + = 4;
    c3 + = 4;
    c4 + = 4;
    c5 + = 4;
    printf("Secret code: %c%c%c%c%c\n",c1,c2,c3,c4,c5);
}
```

(4) 写出程序的运行结果。

```
#include <stdio.h>
void main()
{
    int i,j,m,n;
    i = 8;
    j = 10;
    m = ++i;
    n = j++;
    printf("%d, %d, %d, %d",i,j,m,n);
}
```

**想一想**：m=++i;与 m=i++;的相同之处与不同之处是什么？

(5) 下列程序的输出是什么？

```
#include <stdio.h>
void main()
{
    int a = 9;
    a += a -= a + a;                  /*包含复合的赋值运算符的赋值表达式*/
    printf("%d\n",a);
}
```

**想一想**：赋值表达式 a+=a-=a+a 的求解步骤是什么？

(6) 下列程序的输出是什么？

```
#include <stdio.h>
void main()
{
    int a = 8,b = 3;
    printf("%d\n",b = b/a);        /*输出赋值表达式的值*/
}
```

**想一想**：若将 printf 语句中%d 变为%f，可否输出分式的值，如果不能应怎么改正？

(7) 运行下列语句则输出结果是什么

```
#include <stdio.h>
void main()
{
```

```
    int k = -1;
    printf("%d, %u\n",k,k);
}
```

**想一想**：—1 在内存中的存储形式是怎样的?

(8) 若 k,g 均为 int 型变量,则下列语句的输出是什么?

```
#include <stdio.h>
void main()
{
    int k,g;
    k=017;                      /* 此处为八进制常量 */
    g=111;                      /* 此处为十进制常量 */
    printf("%d\t",++k);         /* 以十进制输出表达式++k 的值 */
    printf("%x\n",g++);         /* 以十六进制输出表达式 g++的值 */
}
```

运行结果为:

```
16    6f
```

# 实验 3　最简单的 C 程序设计

## 一、实验目的

（1）掌握 C 语言中赋值语句的使用方法。

（2）掌握各种类型数据的输入输出的方法，能正确使用各种格式控制符。

## 二、实验内容

（1）若 a=3，b=4，c=5，x=1.2，y=2.4，z=−3.6，u=51274，n=128765，c1='a'，c2='b'。想得到以下的输出格式和结果，请写出程序（包括定义变量类型和设计输出）。

要求输出的结果如下：

```
a=␣3␣␣b=␣4␣␣c=␣5
x=1.200000,y=2.400000,z=-3.600000
x+y=␣3.60␣␣y+z=-1.20␣␣z+x=-2.40
u=␣51274␣␣n=␣␣␣128765
c1='a'␣or␣97(ASCII)
c2='b'␣or␣98(ASCII)
```

编程：

```
#include <stdio.h>
void main()
{
    int a,b,c;
    long int u,n;
    float x,y,z;
    char c1,c2;
    a=3;b=4;c=5;
    x=1.2;y=2.4;z=-3.6;
    u=51274;n=128765;
    c1='a';c2='b';
    printf("\n");
    printf("a=%2d  b=%2d  c=%2d\n",a,b,c);
    printf("x=%8.6f,y=%8.6f,z=%9.6f\n",x,y,z);
    printf("x+y=%5.2f  y+z=%5.2f  z+x=%5.2f\n",x+y,y+z,z+x);
    printf("u=%6ld n=%9ld\n",u,n);
    printf("c1='%c' or %d(ASCII)\n",c1,c1);
    printf("c2='%c' or %d(ASCII)\n",c2,c2);
}
```

**想一想**：程序最后两行的 printf 语句中，在" "内部即格式控制部分，哪些属于原样输出的普通字符？哪些属于要输出数据的格式说明？

(2) 请写出下面程序的输出结果。

```
#include <stdio.h>
void main()
{
    int a=5,b=7;
    float x=67.8564,y=-789.124;
    char c='A';
    long n=1234567;
    unsigned u=65535;
    printf("%d%d\n",a,b);
    printf("%3d%3d\n",a,b);
    printf("%f,%f\n",x,y);                    /*以各种小数形式输出实数*/
    printf("%-10f,%-10f\n",x,y);
    printf("%8.2f,%8.2f,%.4f,%.4f,%3f,%3f\n",x,y,x,y,x,y);
    printf("%e,%10.2e\n",x,y);                /*以指数形式输出实数*/
    printf("%c,%d,%o,%x\n",c,c,c,c);          /*以各种形式输出字符变量的值*/
    printf("%ld,%lo,%x\n",n,n,n);
    printf("%u,%o,%x,%d\n",u,u,u,u);
    /*以无符号十进制、八进制、十六进制,带符号十进制形式输出u值*/
    printf("%s,%5.3s\n","COMPUTER","COMPUTER");/*输出字符串*/
}
```

(3) 用下面的 scanf 函数输入数据，问在键盘上如何输入？

```
#include <stdio.h>
void main()
{
    int a,b;
    char c1,c2;
    printf("Please Input a,b,c1,c2\n");
    scanf("%d%d%c%c",&a,&b,&c1,&c2);
    printf("a=%d b=%d c1=%c c2=%c\n",a,b,c1,c2);
}
```

可按如下 6 种方式在键盘上输入：

```
① 45 56 a b↙
② 45 56a b↙
③ 45 56ab↙
④ 45↙
   56↙
   ab↙
⑤ 45↙
   56ab↙
⑥ 45↙
   56↙
   a↙
   b↙
```

判断 6 种输出结果。

**想一想**：结果的不同原因在哪？总结出字符型变量输入时应注意的事项。

(4) 设圆半径 r=1.5，圆柱高 h=3，求圆周长、圆面积、圆球表面积、圆球体积、圆柱体积。用 scanf 输入数据，输出计算结果，输出时要求有文字说明，取小数点后 2 位数字。请编程序。

```
#include <stdio.h>
void main()
{
    float pi,h,r,l,s,sq,vq,vz;
    pi = 3.1415926;
    printf("input r,h: \n");                    /* 输入半径和高 */
    scanf("%f,%f",&r,&h);                       /* 求圆周长 */
    l = 2 * pi * r;                             /* 求圆面积 */
    s = r * r * pi;                             /* 求圆球表面积 */
    sq = 4 * pi * r * r;                        /* 求圆球体积 */
    vq = 4.0/3.0 * pi * r * r * r;              /* 求圆柱体积 */
    vz = pi * r * r * h;
    printf("l = %6.2f\n",l);
    printf("s = %6.2f\n",s);
    printf("sq = %6.2f\n",sq);
    printf("vq = %6.2f\n",vq);
    printf("vz = %6.2f\n",vz);
}
```

运行结果：

```
input r,h:
1.5,3↙
l =  9.42
s =  7.07
sq =  28.27
vq =  14.14
vz =  21.21
```

(5) 输入一个华氏温度，要求输出摄氏温度。公式为 $c=\frac{5}{9}(F-32)$。输出要有文字说明，取 2 位小数。

```
#include <stdio.h>
void main()
{
    float c,f;
    printf("input f: \n");
    scanf("%f",&f);                             /* 输入华氏温度 f */
    c = (5.0/9.0) * (f - 32);                   /* 求摄氏温度 c */
    printf("c = %5.2f\n",c);
}
```

运行结果：

```
input f:
```

```
78↙
c = 25.56
```

**想一想**：求 c 值的语句可否改成 c=(5/9)*(f−32)；为什么？

(6) 下列程序的运行结果是什么？

```
#include <stdio.h>
void main()
{
    unsigned char a = 'a',b = 'b',c = 'c';   /* 无符号字符型变量,取值范围为 0~255 */
    a = a - 32;
    b += c - a;
    c = c - 32 + b - a;
    printf("a = %c,b = %c,c = %c\n",a,b,c);
}
```

(7) 下列程序的运行结果是什么？

```
#include"stdio.h"
#include <stdio.h>
void main()
{
    int x = 2,y = 4,z = 40;
    x* = 3 + 2;
    printf("%d\n",x);
    x = y = z;
    printf("%d\n",x);
}
```

**想一想**：int x=y=z=2；可以吗？

(8) 以下程序运行的结果是什么？

```
#define GZ 30                                  /* 定义符号常量 GZ */
#include <stdio.h>
void main()
{   int num,total,gz;                          /* gz 为整型变量 */
    gz = 40;
    num = 10;
    total = num * GZ;
    printf("total = %d\n",total);
}
```

**想一想**：程序第 6 行改为 num=10；GZ=50，结果如何？

(9) 下列程序运行结果是什么？

```
#include <stdio.h>
void main()
{   unsigned x1;
    int b = -1;
    x1 = b;                                    /* 有符号数据传送给无符号变量 */
    printf("%u",x1);
}
```

(10) 下列程序的运行结果是什么?

```
#include <stdio.h>
void main()
{
    int a=5;
    printf("\n%d,",(3+5,6+8));                    /* 输出逗号表达式的值 */
    a=(3*5,a+4);                                  /* 逗号表达式的值赋给 a */
    printf("a=%d\n",a);
}
```

**想一想**:程序第5行如改为 a=3*5,a+4;,结果将如何?

(11) 输入a字母时,下列程序的运行结果是什么?

```
#include <stdio.h>
void main()
{
    char ch;
    ch=getchar();
    (ch>='a'&&ch<='z')?putchar(ch+'A'- 'a'): putchar(ch);
    /* 在条件表达式的求值过程中执行输出动作 */
}
```

(12) 下列程序的运行结果是什么?

```
#include <stdio.h>
void main()
{
    int x,y,z;
    x=24;
    y=024;
    z=0x24;
    printf("%d, %d, %d\n",x,y,z);
}
```

# 实验 4　逻辑结构程序设计

## 一、实验目的

(1) 了解 C 语言表示逻辑量的方法(以 0 代表"假",以非 0 代表"真")。

(2) 学会正确使用逻辑运算符和逻辑表达式。

(3) 熟练掌握 if 语句和 switch-case 语句。

(4) 结合程序掌握一些简单的算法。

(5) 学习调试程序。

## 二、实验内容

(1) 有 3 个整数 a、b、c,由键盘输入,输出其中最大的数。

方法 1:

```
#include <stdio.h>
void main()
{
  int a,b,c;
  printf("input three integer: ");
  scanf("%d,%d,%d",&a,&b,&c);
  if (a<b)
    if (b<c)                          /*a小于b且b小于c,则c最大*/
       printf("max=%d\n",c);
    else                              /*a小于b且b大于c,则b最大*/
      printf("max=%d\n",b);
  else
    if(a<c)                           /*a大于b且a小于c,则c最大*/
       printf("max=%d\n",c);
    else                              /*a大于b且a大于c,则a最大*/
       printf("max=%d\n",a);
}
```

方法 2:

```
#include <stdio.h>
void main()
{
    int a,b,c,temp,max;
    printf("input three integer: ");
    scanf("%d,%d,%d",&a,&b,&c);
    temp=(a>b)?a: b;                  /*temp为a、b中较大值*/
```

```
    max = (temp > c)?temp: c;            /* 在 temp 和 c 中比较出最大值 */
    printf("max = %d\n",max);
}
```



运行结果：

```
input three integer: 56,17,28↙
max = 56
```

(2) 有一函数：$y=\begin{cases} x & (x<1) \\ 3x-1 & (1\leqslant x<12) \\ 4x-11 & (x\geqslant 12) \end{cases}$，写一程序，输入 x，输出 y 值。

```
#include <stdio.h>
void main()
{
    int x,y;
    printf("input x: ");
    scanf("%d",&x);
    if(x<1)                              /* 当 x<1 时,求对应 y 值 */
    {
        y = x;
        printf("x = %3d,y = x = %d\n",x,y);
    }
    else if(x<12)                        /* 当 1≤x<10 时,求对应 y 值 */
    {
        y = 3 * x - 1;
        printf("x = %3d,y = 2 * x - 1 = %d\n",x,y);
    }
    else                                 /* 当 x≥10 时,求对应 y 值 */
    {
        y = 4 * x - 11;
        printf("x = %3d,y = 3 * x - 11 = %d\n",x,y);
    }
}
```

运行结果：

```
input x: 11↙
x =  11,y = 3 * x - 1 = 32
```

(3) 给出一百分制成绩，要求输出成绩等级'A'、'B'、'C'、'D'、'E'。90 分以上为'A'，80～89 分为'B'，70～79 分为'C'，60～69 分为'D'，60 分以下为'E'。

```
#include <stdio.h>
void main()
{
    float score;
    char grade;
    printf("input student score: ");
    scanf("%f",&score);
    while (score > 100 || score < 0)     /* 当输入错误时,提示用户并允许重新输入 */
```

```
    {
        printf("error\n.");
        scanf("%f",&score);
    }
    switch((int)(score/10))         /* 将 score/10 的值转换成整型以便于判断 */
    { case 10:
      case 9: grade='A';break;
      case 8: grade='B';break;
      case 7: grade='C';break;
      case 6: grade='D';break;
      case 5:
      case 4:
      case 3:
      case 2:
      case 1:
      case 0: grade='E';
    }
    printf("score: %5.1f,grade: %c\n",score,grade);
}
```

运行结果：

```
input student score: 87.5↙
score: 87.5,grade: B
```

(4) 给出一个不多于 5 位的正整数，要求：①求出它是几位数；②分别打印出每一位数字；③按逆序打印出各位数字，例如原数为 321，应输出 123。

```
#include <stdio.h>
void main()
{
    long int num;
    int indiv,ten,hundred,thousand,ten_thousand,place;
    printf("input 0-99999: ");
    scanf("%ld",&num);
    if(num>9999)
        place=5;
    else if(num>999)
        place=4;
    else if(num>99)
        place=3;
    else if(num>9)
        place=2;
    else place=1;
    printf("place=%d\n",place);      /* 输出位数 */
    printf("shuzi is: ");
    ten_thousand=num/10000;           /* 以下五行分别求万位、千位、百位、十位、个位数字 */
    thousand=(int)(num-ten_thousand*10000)/1000;
    hundred=(int)(num-ten_thousand*10000-thousand*1000)/100;
    ten=(int)(num-ten_thousand*10000-thousand*1000-hundred*100)/10;
    indiv=(int)(num-ten_thousand*10000-thousand*1000-hundred*100-ten*10);
```

```
    switch(place)                    /* 根据位数判断应该输出哪几位数字 */
    { case 5: printf("%d,%d,%d,%d,%d",ten_thousand,thousand,hundred,ten,indiv);
    /* 正序输出 */
            printf("\ninvert is: ");
            printf("%d%d%d%d%d\n",indiv,ten,hundred,thousand,ten_thousand);
                                     /* 逆序输出 */
             break;
       case 4: printf("%d,%d,%d,%d",thousand,hundred,ten,indiv);
               printf("\ninvert is: ");
               printf("%d%d%d%d\n",indiv,ten,hundred,thousand);
               break;
       case 3: printf("%d,%d,%d",hundred,ten,indiv);
               printf("\ninvert is: ");
               printf("%d%d%d\n",indiv,ten,hundred);
               break;
       case 2: printf("%d,%d",ten,indiv);
               printf("\ninvert is: ");
               printf("%d%d\n",indiv,ten);
               break;
       case 1: printf("%d",indiv);
               printf("\ninvert is: ");
               printf("%d\n",indiv);
               break;
    }
}
```

运行结果：

```
input 0-99999: 1234↙
place=4
shuzi is: 1,2,3,4,
invert is: 4321
```

(5) 试编程判断输入的正整数是否既是 5 又是 7 的整数倍。若是，则输出 yes；否则输出 no。

```
#include <stdio.h>
void main()
{
    int x;
    printf("input x: ");
    scanf("%d",&x);
    if(x%5==0&&x%7==0)
        printf("yes");
    else
        printf("no");
}
```

运行情况：

```
inupt x: 35↙
yes
```

**想一想**：if 中的条件表达式可否写成(!x%5&&!x%7)或根据数学算法，x%5==0&&x%7==0 可否改为 x%35==0 作判断条件？

(6) 编制程序要求输入正整数 a 和 b，若 $a^2+b^2$ 大于 100，则输出 $a^2+b^2$ 百位以上的数字，否则输出两数之和。

```
#include <stdio.h>
void main()
{
    int a,b,x,y;
    printf("input a、b: ");
    scanf("%d%d",&a,&b);
    x=a*a+b*b;
    if(x>100)                    /*若 a² + b²>100 */
    {
        y=x/100;                 /*y 为 a² + b²百位以上的数字*/
        printf("%d",y);
    }
    else
    printf("%d",a+b);
}
```

运行情况：

```
input a、b: 7 8↙
1
```

(7) 编写简单的计算器程序：根据用户输入的两个操作数和运算符，显示计算结果。(设运算符包括+，-，*，/。)

```
#include <stdio.h>
void main()
{
   float data1,data2;                        /*定义两个操作数变量*/
   char op;                                  /*定义操作符*/
   printf("Enter your expression: ");
   scanf("%f%c%f",&data1,&op,&data2);        /*输入要计算的表达式*/
   switch (op)                               /*根据操作符对 data1、data2 进行相应运算*/
   { case '+':                               /*处理加法*/
           printf("%.2f+%.2f=%.2f\n",data1,data2,data1+data2);
           break;
     case '-':                               /*处理减法*/
           printf("%.2f-%.2f=%.2f\n",data1,data2,data1-data2);
           break;
     case '*':                               /*处理乘法*/
           printf("%.2f*%.2f=%.2f\n",data1,data2,data1*data2);
           break;
     case '/':                               /*处理除法*/
           if (data2==0)                     /*若除数为 0*/
                printf("Divisor is zero.\n");
     else
          printf("%.2f/%.2f=%.2f\n",data1,data2,data1/data2);
```

```
            break;
        default:                                /* 输入其他运算符 */
            printf("Unkwown operater. \n");
    }
}
```



(8) 通过键盘输入字符,判断其为控制、数字、大写字母、小写字母和其他字母的哪一类。

```
#include <stdio.h>
void main()
{
    char c;
    printf("Enter a char: ");
    c = getchar();                          /* 从键盘读取输入的一个字符,然后分类判断 */
    if(c < 0x20) printf("\nThe char is a control char.\n");
    else if (c >= '0'&&c <= '9')
       printf("\nThe char is a digit char.\n");
    else if (c >= 'A'&&c <= 'Z')
         printf("\nThe char is a captal char.\n");
    else if (c >= 'a'&&c <= 'z')
         printf("\nThe char is a lower char. \n");
    else printf("\nThe char is an other char. \n");
}
```

# 实验 5 循环控制

## 一、实验目的

熟练掌握 while 语句,do-while 语句和 for 语句实现循环的方法。掌握在程序设计中用循环的方法实现一些常用算法(如穷举、迭代、递推等),进一步学习调试过程。

## 二、实验内容

(1) 输入两个正整数 m 和 n,求其最大公约数和最小公倍数。

```
#include<stdio.h>
void main()
{
    int p,r,n,m,temp;
    printf("input n and m:");
    scanf("%d,%d",&n,&m);
    if(n<m)
    {
       temp=n;
       n=m;
       m=temp;                        /*把大数放在n中,小数放在m中*/
    }
    p=n*m;                            /*先将n和m的乘积保存在p中,以便求最小公倍数时用*/
    r=n%m;
    while(r!=0)                       /*求n和m的最大公约数*/
    {
       n=m;
       m=r;
       r=n%m;
    }
    printf(" gongyueshu: %d\n",m);
    printf(" gongbeishu: %d\n",p/m);/*p是原来两个整数的乘积*/
}
```

运行情况:

```
Input n and m :36,8↙
Gongyueshu: 4
gongbeishu:72
```

(2) 输入一行字符,分别统计出其中英文字母、空格、数字和其他字母的个数。

```
#include <stdio.h>
void main()
{
  char c;
  int letter = 0, space = 0, digit = 0, other = 0;
  printf("input a line letter:\n");
  while((c = getchar())!= '\n')       /* 读取当前字符，如不为回车符则进行统计 */
  {
     if(c >= 'a' &&c <= 'z' || c >= 'A'&&c <= 'Z')
      letter++;
     else if(c == ' ')
       space++;
     else if(c >= '0'&&c <= '9')
       digit++;
     else
       other++;
  }
printf(" letter = %d, space = %d, digit = %d, other = %d\n", letter, space, digit, other);
}
```

运行情况：

```
input a line letter:
My teacher's address is" #123 Beijing Road, Shanghai".
letter = 38, space = 6, digit = 3, other = 6
```

(3) 求 Sn＝a＋aa＋aaa＋…＋aa…a 之值，其中 a 是一个数字。例如 2＋22＋222＋2222＋22222 (此时 n＝5)，n 由键盘输入。

```
#include < stdio.h>
void main()
{
    int a, n, i = 1, sn = 0, tn = 0;
    printf("a,n:");
    scanf(" %d, %d", &a, &n);
    while(i <= n)
    {  tn = tn + a;                     /* 赋值后的 tn 为 i 个 a 组成数的值 */
       sn = sn + tn;                    /* 赋值后的 sn 为多项式前 i 项之和 */
       a = a * 10;
       ++i;
    }
    printf("a + aa + aaa + ... = %d\n", sn);
}
```

运行情况：

```
n:2,5 ↙
a + a + aaa + … = 24690
```

(4) 求 $\sum_{n=1}^{20} n!$（即求 1!＋2!＋3!＋4!＋…＋20!）。

```c
#include<stdio.h>
void main()
{
    float s=0,t=1;
    int n;
    for (n=1;n<=20;n++)
    {
        t=t*n;                          /*n!*/
        s=s+t;                          /*将各项累加*/
    }
    printf("1!+2!+...+20!= %e\n",s);
}
```

运行结果：

```
1!+2!+…+20!=2.56133e+18
```

(5) 求 $\sum_{k=1}^{100}k+\sum_{k=1}^{50}k^2+\sum_{k=1}^{10}\frac{1}{k}$。

```c
#include<stdio.h>
void main()
{
    int n1=100,n2=50,n3=10;
    float k;
    float s1=0,s2=0,s3=0;
    for(k=1;k<=n1;k++)                  /*计算1到100的和*/
    s1=s1+k;
    for (k=1;k<=n2;k++)                 /*计算1到50各数的平方和*/
      s2=s2+k*k;
    for (k=1;k<=n3;k++)                 /*计算1到10各数的倒数和*/
      s3=s3+1/k;
    printf("total= %8.2f\n",s1+s2+s3);
}
```

运行结果：

```
total=47977.93
```

**想一想**：如定义 k 为整型，则程序应做如何修改以保证正确性？

(6) 求 100～999 之间的所有水仙花数，即各位数字的立方和恰好等于该数本身的数。

```c
#include<stdio.h>
void main()
{
int i,j,k,m,n;
for(i=1;i<=9;i++)                       /*i为百位上的数字,范围是1～4*/
  for(j=0;j<=9;j++)                     /*j为十位上的数字,范围是0～9*/
    for(k=0;k<=9;k++)                   /*k为个位上的数字,范围是0～9*/
    {  m=i*100+j*10+k;                  /*m为100～499之间的一个数*/
       n=i*i*i+j*j*j+k*k*k;             /*n为m的各位数字的立方和*/
       if(m==n)
```

```
            printf(" %5d",m);
        }
}
```



解法 2:

```
#include <stdio.h>
void main()
{
    int i,j,k,m;
    for(m = 100;m < 1000;m++)
    {  i = m/100;                            /* 取百位 */
       j = m/10 - i * 10;                    /* 取十位 */
       k = m % 10;                           /* 取个位 */
       if (m == i * i * i + j * j * j + k * k * k)/* 如满足条件,则输出 */
          printf(" %5d",m);
    }
}
```

运行结果为:

```
153 370 371 407
```

(7) 一个数如果恰好等于它的因子之和,这个数就称为“完数”。例如,6 的因子为 1、2、3,而 6=1+2+3,因此 6 是“完数”。编程序找出 1000 之内的所有完数,并输出。

```
#include <stdio.h>
void main()
{  int i,a,m;
    for(i = 1;i < 1000;i++)                  /* 判断 i 是否是完数 */
    {
      for(m = 0,a = 1;a <= i/2;a++)
          if(!(i % a)) m = m + a;            /* 如 a 是 i 的因子,则累加到 m */
      if (m == i)
          printf(" %4d",i);                  /* 如因子和 m 与自身相等,则是完数,输出 */
    }
}
```

运行结果为:

```
6 28 496
```

(8) 有一分数序列$\frac{2}{1},\frac{3}{2},\frac{5}{3},\frac{8}{5},\frac{13}{8},\frac{21}{13},\cdots$求出这个数列的前 20 项之和。

```
#include <stdio.h>
void main()
{
    int i,t,n = 20;
    float a = 2,b = 1,s = 0;
    for(i = 1;i <= n;i++)
    {
       s = s + a/b;
```

```
        t = a;
        a = a + b;                          /* 将前一项分子与分母之和作为下一项的分子 */
        b = t;                              /* 将前一项的分子作为下一项的分母 */
    }
    printf("sum = %9.6f\n",s);
}
```

运行结果：

```
sum = 32.660259
```

(9) 一球从 100m 高度自由落下，每次落地后反跳回原高度的一半，再落下。求它在第 10 次落地时，共经过多少米？第 10 次反弹多高？

```
#include <stdio.h>
void main()
{
float sn = 100,hn = sn/2;
int n;
for (n = 2;n <= 10;n++)
{
    sn = sn + 2 * hn;                       /* 第 n 次落地时共经过的米数 */
    hn = hn/2;                              /* 第 n 次反跳高度 */
}
printf("sn10 = %fm.\n",sn);
printf("hn10 = %fm.\n",hn);
}
```

运行结果：

```
sn10 = 299.609375m.
hn10 = 0.097656m.
```

(10) 用二分法求方程 $2x^3-4x^2+3x-6=0$ 在(-10,10)之间的根。

```
#include <stdio.h>
#include <math.h>
void main()
{
float x0,x1,x2,fx0,fx1,fx2;
do
{
    printf("Enter x1 & x2:");
    scanf("%f,%f",&x1,&x2);                 /* 输入 x1、x2,求 x1、x2 之间的根 */
    fx1 = x1 * ((2 * x1 - 4) * x1 + 3) - 6; /* 求 x1 点函数值 fx1 */
    fx2 = x2 * ((2 * x2 - 4) * x2 + 3) - 6; /* 求 x2 点函数值 fx2 */
}
while(fx1 * fx2 > 0);                       /* 保证在指定范围内有根,必须使两端点处函数值相反 */
do
{
   x0 = (x1 + x2)/2;                        /* 取中点 x0 */
   fx0 = x0 * ((2 * x0 - 4) * x0 + 3) - 6;  /* 求出中点的函数值 fx0 */
```

```
    if((fx0 * fx1)<0)                        /* 若 fx0 和 fx1 符号相反 */
    {
      x2 = x0;                               /* 则用 x0 代替 x2 点 */
      fx2 = fx0;
    }
    else                                     /* 若 fx0 和 fx2 符号相反 */
     {
         x1 = x0;                            /* 则用 x0 替代 x1 点 */
       fx1 = fx0;
     }
}
while(fabs(fx0)>= 1e-5);                     /* 判断 x0 处函数值是否足够逼近 0 值 */
printf("x = %6.2f\n",x0);
}
```

运行结果：

```
Enter x1 & x2: -10,10↙
x =  2.00
```

(11) 打印出以下图案。

```
   *
  ***
 *****
*******
 *****
  ***
   *
```

解法 1：

```
#include "stdio.h"
#include "math.h"                            /* 用到数学函数需包含的头文件 */
void main()
{
int i,j;
for(i = -3;i<= 3;i++)
{    for(j = 1;j<= fabs(i);j++)              /* fabs(i)求 i 的绝对值 */
        printf(" ");
     for(j = 1;j<= 7 - 2 * fabs(i);j++)
        printf("* ");
     printf("\n");
}
}
```

解法 2：

```
#include<stdio.h>
void main()
{
int i,j,k;
```

```
for(________)                          /* 输出上面 4 行 * 号 */
{
    for(________)
        printf(" ");                   /* 输出 * 号前面的空格 */
    for(________)
        printf("* ");                  /* 输出 * 号 */
    printf("\n");                      /* 输出完一行 * 号后换行 */
}
for(i = 0;i <= 2;i++)                  /* 输出下面 3 行 * 号 */
{
   for(j = 0;j <= i;j++)
     printf(" ");                      /* 输出 * 号前面的空格 */
   for(k = 0;k <= 4 - 2 * i;k++)
     printf("* ");                     /* 输出 * 号 */
   printf("\n");                       /* 输出完一行 * 号后换行 */
}
}
```

**想一想**：如使图案位于屏幕中间(左右方向)位置,应如何控制?

(12) 试编程序,求一个整数任意次方的最后三位数。即求 $x^y$ 的最后三位数,要求 x,y 从键盘输入。

```
#include <stdio.h>
void main()
{
    int i,x,y,last = 1;
    printf("Input x and y:");
    scanf("%d%d",&x,&y);
    for(i = 1;i <= y;i++)________;       /* 将 x 自乘 y 次即 xy */
    printf("\nThe last 3 digits of %d** %d is:%d\n",x,y,last%1000);
    /* 输出 x 的 y 次方最后三位数 */
}
```

运行结果:

```
input x and y:21 3 ↙
The last 3 digits of 21 ** 3 is:261
```

(13) 每个苹果 0.8 元,第一天买 2 个苹果,第二天开始,每天买前一天的 2 倍,直到购买的苹果个数达到不超过 100 的最大值。编写程序求每天平均花多少钱?

```
#include <stdio.h>
void main()
{
    int day = 0,buy = 2;
    float sum = 0.0,ave;
    do
    {
        sum += 0.8 * buy;
        day++;                          /* 第 day 天买了 buy 个苹果,已共花费 sum 元 */
        ________;                       /* 下一天将买的苹果数修改为当天的 2 倍 */
```

```
    }
    while(________);                    /* 将买的苹果数不超过 100,则可继续买并入账 */
    ave = sum/day;
    printf("The average money: %f",ave);
}
```

运行结果：

```
The average money:16.799999
```

(14) 试编程序,找出1至99之间的全部同构数。同构数是这样的一组数:它出现在平方数的右边。例如:5是25右边的数,25是625右边的数,5和25都是同构数。

方法1:

```
#include <stdio.h>
void main()
{
    int i;
    for(i = 1;i < 100;i++)
      if(i * i % 10 == i)          printf("%3d",i);
      else if(i * i % 100 == i)    printf("%3d",i);
}
```

方法2:

```
#include <stdio.h>
void main()
{
    int i;
    for(i = 1;i < 100;i++)
    if(____________________)            /* 判断是否为1位数或2位数的同构数 */
        printf("%3d",i);
}
```

运行结果：

```
1  5  6  25  76
```

# 实验 6　函　数

## 一、实验目的

(1) 掌握用户自定义函数的方法。

(2) 掌握函数实参与形参的对应关系以及"值传递"的方式。

(3) 掌握函数的嵌套调用和递归调用的方法。

(4) 掌握全局变量、局部变量、静态变量的概念和使用方法。

## 二、实验内容

(1) 写两个函数，分别求出两个整数的最大公约数和最小公倍数，用主函数调用这两个函数，并输出结果，两个整数由键盘输入。

```
#include<stdio.h>
int hcf(int u,int v) /*求两个整数u、v的最大公约数*/
{
    int t,r;
    if(v>u)
    { t=u;u=v;v=t; }
      while(________)                    /*辗转相除法求最大公约数*/
      {
        ________;
        ________;
      }
    return(v);
}
int lcd(int u,int v,int h)               /*已知最大公约数h,求u、v的最小公倍数*/
{
   return(u*v/h);
}
void main()
{
  int u,v,h,l;
  scanf("%d,%d",&u,&v);                  /*读入两个数*/
  h=hcf(u,v);                            /*求最大公约数*/
  printf("H.C.F=%d\n",h);
  l=lcd(u,v,h);                          /*求最小公倍数*/
  printf("L.C.D=%d\n",l);
}
```

运行结果如下：

```
24,16↙
H. C.F=8
L. C.D=48
```



(2) 写一个判素数的函数,在主函数输入一个整数,输出是否是素数的信息。

```
#include<stdio.h>
void main()
{
   int prime(int);                          /*函数原型声明*/
   int n;
   printf("\nInput an integer:");
   scanf("%d",&n);
   if (prime(n))                            /*如 prime 函数返回值"真",则是素数*/
      printf("\n%d is a prime."n);
   else
     printf("\n%d is not a prime.",n);
}
int prime(int n) /*此函数当 n 为素数时返回 1,否则返回 0*/
{   int flag=1,i;
    for (i=2;i<n/2 && flag==1;i++)
      if (n%i==0) flag=0;
    return(flag);
}
```

运行结果:

```
Input an integer:19↙
19 is a prime.
```

**想一想**:判断素数的算法怎么改进,才能使循环次数减少?

(3) 编写函数 fun,功能是计算下列级数的和,返回值为计算结果。在主函数中做相应调用并输出结果。$S=1+x+\frac{x^2}{2!}+\frac{x^3}{3!}+\cdots\frac{x^n}{n!}$。

```
#include "stdio.h"
#include "math.h"
double fun(double x,int n) /*计算级数的和并返回计算结果*/
{     double s=1,p=1,t=1;
      int i,j;
      for(i=1;i<=n;i++)
      {   t*=i;                                /*求分母*/
          p*=x;                                /*求分子*/
          ________                             /*本项累加到和变量*/
      }
      return s;
}
void main()
{
    printf("\n%f\n",fun(0.3,10));           /*将函数的返回值输出*/
}
```

(4) 写一个函数,输入一个 4 位数,要求输出这 4 个数字,每两个数字间有一空格。如输入 2009,应输出"2 0 0 9"。

```
void display(int n)
{
    printf(" %d",n/1000);
    printf(" %d",n%1000/100);
    printf(" %d",n%100/10);
    printf(" %d\n",n%10);
}
void main()
{
  int m;
  printf("请输入一个四位数: \n");
  scanf("%d",&m);
  if(m>=1000 && m<10000)
     display(m);
  else
    printf("输入错误!\n");
}
```

# 实验7 数　　组

## 一、实验目的

（1）掌握一维数组和二维数组的定义、赋值和初始化。

（2）掌握字符数组和字符串函数的使用。

（3）掌握与数组有关的算法（特别是排序算法）。

（4）掌握数组元素和数组名作函数的参数进行函数调用。

## 二、实验内容

（1）用筛法求100之内的素数。

```
#include <stdio.h>
#include <math.h>
void main()
{
    int i,j,n,a[101];
    for (i = 1;i <= 100;i++)
        a[i] = i;                          /* a[1]~a[100]中存放数据 */
    for(i = 2;i < sqrt(100);i++)
        for(j = i + 1;j <= 100;j++)
        {                                  /* 如 j 能被 i 整除,则不是素数,a[j]置 0 */
            if(a[i]!= 0&&a[j]!= 0)
              if (a[j] % a[i] == 0)
                a[j] = 0;
        }
        printf("\n");
        for(i = 2,n = 0;i < 100;i++)      /* 以下按格式输出所有素数 */
        {
            if (a[i]!= 0)                  /* 如 a[i]非 0,表明 i 是素数 */
            {
               printf(" % 5d",a[i]);
               n++;
            }
            if(n == 10)
            {
               printf("\n");
               n = 0;
            }
        }
}
```

运行结果：

```
2     3     5     7     11    13    17    19    23    29
31    37    41    43    47    53    59    61    67    71
73    79    83    89    97Press any key to continue
```

(2) 打印出以下的杨辉三角形(要求打印出10行)。

```
1
1  1
1  2  1
1  3  3   1
1  4  6   4   1
1  5  10  10  5  1
```

```
#include <stdio.h>
#define N 11
void main()
{
   int i,j,a[N][N];
   for (i=1;i<N;i++)            /* 使第1列和对角线元素为1 */
   {
    a[i][i]=1;
    a[i][1]=1;
   }
   for(i=3;i<N;i++)             /* 双重 for 循环,使其他元素为其正上方与左斜上方元素和 */
     for(j=2;j<=i-1;j++)
       a[i][j]=a[i-1][j-1]+a[i-1][j];
   for(i=1;i<N;i++)             /* 输出二维数组相关内容 */
   {
     for(j=1;j<=i;j++)
       printf("%4d",a[i][j]);
     printf("\n");
   }
   printf("\n");
}
```

运行结果：

```
1
1  1
1  2  1
1  3  3   1
1  4  6   4   1
1  5  10  10  5    1
1  6  15  20  15   6    1
1  7  21  35  35   21   7   1
1  8  28  56  70   56   28  8   1
1  9  36  84  126  126  84  36  9  1
```

(3) 有15个数按由大到小的顺序存放在一个数组中,输入一个数,要求用折半查找法找出该数是数组中第几个元素的值。如果该数不在数组中,则打印出“无此数”。

```
#include <stdio.h>
#define N 15
void main()
{
  int i,number,top,bott,mid,loca,a[N],flag = 1,sign = 1;
  char c;
  printf("Enter data:\n");
  scanf("%d",&a[0]);                    /*读入数组元素 a[0]*/
  i = 1;
  while(i < N)                          /*此 while 循环建立有序数组 a[N]*/
  {
       scanf("%d",&a[i]);
       if(a[i]> = a[i - 1])
          i++;
       else
          printf("Enter this data again:");
  }
  printf("\n");
  for(i = 0;i < N;i++)                  /*显示数组 N 个元素*/
     printf("%d ",a[i]);
  printf("\n");
  flag = 1;
  while(flag)                           /*flag 为继续查找的标志位*/
  {
     printf("Input number to look for:");
     scanf("%d",&number);               /*输入要查找的数据*/
     loca = 0;sign = 1;                 /*初始化标志*/
     top = 0;                           /*初始化 top、bott 两指针*/
     bott = N - 1;
     if((number < a[0]) || (number > a[N - 1]))     /*如 number 超出范围,置 loca 为 - 1*/
        loca = - 1;
     while((sign == 1)&&(top <= bott))  /*未找到且顶端指针小于底端指针*/
     {
         mid = (bott + top)/2;          /*与中间位置上元素比较*/
         if(number == a[mid])           /*如找到,输出位置信息*/
         { loca = mid;
           printf("Find %d,its position is %d\n",number,loca + 1);
           sign = 0;                    /*sign = 0 表示查找成功*/
     }
         else if(number < a[mid])      /*如 number 比中间元素小,应在前一半查找*/
            bott = mid - 1;
         else top = mid + 1;            /*如 number 比中间元素大,应在后一半查找*/
      }
      if(sign == 1 || loca == - 1)      /*number 不在表中*/
         printf("%d is not found.\n",number);
      printf("Continue or not(Y/N)?");       /*是否继续?*/
      scanf("V%c",&c);
      if(c == 'N' || c == 'n')
           flag = 0;
   }
}
```

运行情况如下：

```
Enter data:
1↙
3↙
2↙
Enter this data again:4↙
5↙
6↙
8↙
12↙
23↙
34↙
44↙
45↙
56↙
57↙
58↙
68↙
1 3 4 5 6 8 12 23 34 44 45 56 57 58 68
Input number to look for:7↙
7 is not found.
Continue or not(Y/N)?y↙
Input number to look for:12↙
Find 12,its position is 7
Continue or not(Y/N)?n↙
```

(4) 有一篇文章，共有 3 行文字，每行有 80 个字符。要求分别统计出其中英文大写字母、小写字母、数字、空格以及其他字符的个数。

```
#include<stdio.h>
void main()
{
   int i,j,upp,low,dig,spa,oth;
   char text[3][80];
   upp = low = dig = spa = oth = 0;              /*各类字符个数初始为0*/
   for(i = 0;i<3;i++)
   {
      printf("Please input line %d:\n",i+1);/*提示输入每一行字符串*/
      gets(text[i]);                        /*读入一行字符串 text[i]*/
      for(j = 0;j<80 && text[i][j]!= '\0';j++)
         /*当text[i]串未结束时判断其中字符并统计*/
      {
         if(text[i][j]>= 'A'&& text[i][j]<= 'Z')
               upp++;
         else if(text[i][j]>= 'a'&& text[i][j]<= 'z')
               low++;
         else if(text[i][j]>= '0'&& text[i][j]<= '9')
               dig++;
         else if(text[i][j] == ' ')
               spa++;
```

```
            else
                  oth++;
        }
    }
    printf("upper case: %d\n",upp);                 /*输出各类字符的个数*/
    printf("lower case: %d\n",low);
    printf("digit: %d\n",dig);
    printf("space: %d\n",spa);
    printf("other: %d\n",oth);
}
```

运行情况如下：

```
Please input line 1:
I am a student.↙
Please input line 2:
123456↙
Please input line 3:
ASDFG↙
upper case :6
lower case:10
digit : 6
space: 3
other :1
```

(5) 打印以下图案：

```
*****
 *****
  *****
   *****
    *****
```

```
#include <stdio.h>
void main()
{
    char a[5] = {'*'    ,'*','*','*','*'};
    int i,j,k;
    char space = ' ';
    for(________)                               /*输出5行*/
    {   printf("\n");                           /*输出每一行前先换行*/
     for(________)
            printf("%c",space)                  /*每行前面留4个空格*/
            for(________)
              printf("%c",space);               /*每行再留i个空格*/
            for(________)
              printf("%c",a[k]);                /*每行输出5个*号*/
    }
}
```

(6) 编一个程序，将两个字符串连接s1和s2进行比较，如果s1>s2，输出一个正数；s1=s2，输出0；s1<s2，输出一个负数。不要用strcmp函数。两个字符串用gets函数读入。

输出的正数或负数的绝对值应是相比较的两个字符串相应字符的ASCII码的差值。例如，'A'与'C'相比，由于'A'<'C'，应输出负数，由于'A'与'C'的ASCII码的差值为2，因此应输出−2。同理："And"和"Aid"比较，根据第2个字符比较结果，'n'比'i'大5，因此应输出5。

```
#include <stdio.h>
void main()
{
    int i,resu;
    char s1[100],s2[100];
    printf("\n input string1:");
    gets(s1); /* 输入串 s1 */
    printf("\n Input string2:");
    gets(s2); /* 输入串 s2 */
    i=0;
    while((____________________)) i++;
            /* 如对应位置字符不相等或 s1 串结束则停止 */
    if(s1[i]=='\0'&&s2[i]=='\0') resu=0;
    else resu=s1[i]-s2[i];
    printf("\n result: %d\n",resu);
}
```

运行情况如下：

```
Input string1:acd↙
Input string2:aed↙
result: -2
```

**想一想**：此程序可否继续简化？如何简化？

(7) 编写一个程序，将字符数组s2中的全部字符拷贝到字符数组s1中，不用strcpy函数。拷贝时，'\0'也要拷贝过去。'\0'后面的字符不拷贝。

```
#include "stdio.h"
void main()
{
  char s1[80],s2[80];
  int i;
  printf("Input s2:");
  scanf("%s",s2);                        /* 输入串 s2 */
  for(________)                          /* 将 s2 中的各字符(包括'\0')复制到 s1 中 */
       s1[i]=s2[i];
  printf("s1:%s\n",s1);                  /* 输出复制结果 */
}
```

运行情况如下：

```
Input s2:student↙
s1:student
```

**想一想**：不用strlen函数，写出另一种方法。

(8) 写一函数，使输入的一个字符串按反序存放，在主函数中输入和输出字符串。

```
#include <stdio.h>
#include <string.h>
void main()
{
  void inverse(char str[]);
  char str[100];
  printf("Input string:");
  scanf("%s",str);                              /*输入一字符串 str*/
  inverse(str);                                 /*对数组 str 中的元素逆序存放*/
  printf("Inverse string:%s\n",str);            /*输出转换后的字符串*/
}
void inverse(char str[])                        /*函数定义*/
{
   char t;
   int i,j;
   for(i=0,j=strlen(str);i<strlen(str)/2;i++,j--)        /*str 串中对应字符相交换*/
   {  t=str[i];
      str[i]=str[j-1];
      str[j-1]=t;
   }
}
```

运行结果：

```
Input string:abcdefg↙
Inverse string:gfedcba
```

(9) 写一函数，输入一行字符，将此字符串中最长的单词输出。

```
#include <stdio.h>
#include <string.h>
int alphabetic(char c)                  /*判断当前字符是否为字母,是则返回 1,否则返回 0*/
{
   if ((c>='a'&& c<='z') || (c>='A'&&c<='Z'))
       return(1);
   else
       return(0);
}
int longest(char str[])                         /*寻找最长单词的起始位置*/
{  int len=0,i,length=0,flag=1,place=0,point;
   for(i=0;i<=strlen(str);i++)
      if(alphabetic(str[i]))                    /*string[i]是字母*/
         if(flag)                               /*前面不是字母*/
         {  point=i;
            flag=0;
         }
         else                                   /*string[i]是字母,前面也是字母*/
           len++;
      else                                      /*string[i]不是字母*/
      {  flag=1;
         if(len>=length)                  /*以 point 位置开始的词如为当前最长的,记住其位置*/
         {  length=len;
```

```
            place = point;
            len = 0;
        }
    }
    return(place);                                    /* 返回最长单词的起始位置 */
}
void main()
{
    int i;
    char line[100];
    printf("Input one line:\n");
    gets(line);                                       /* 读入一行文本 */
    printf("\nThe longest word is :");
    for(i = longest(line);alphabetic(line[i]);i++)    /* 输出最长的单词 */
        printf("%c",line[i]);
    printf("\n");
}
```

运行情况：

```
Input one line:
I am a student ↙
The longest word is: student
```

**想一想**：如 gets(line)改为 scanf("%s",line)，结果如何？

(10) m 个人的成绩存放在整型数组 score 中，请编写函数 fun，它的功能是：将低于平均分的人数作为函数值返回主函数，并将低于平均分的分数存放在主函数定义的数组 below 中。

```
#include "stdio.h"
/* 计算 score 数组中 m 个元素的均值,并把小于平均值的元素逐个存放在 below 数组中 */
int fun(int score[ ], int m, int below[ ])
{
    int i,k = 0,aver = 0;
    for(i = 0;i < m;i++)
        aver += score[i];                       /* 计算总分 */
    aver/ = m;                                  /* 计算平均分 */
    for(i = 0;i < m;i++)                        /* 逐个判断分数值 */
      if(score[i]< aver)                        /* 如低于平均分 */
      {________                                 /* 存放到以 below 为首地址的数组中 */
       ________                                 /* 用变量 k 统计低于平均分的人数 */
      }
     return k;                                  /* 返回人数 */
}
void main()
{
    int i,n,below[9];
    int score[9] = {10,20,30,40,50,60,70,80,90};
    n = fun(score,9,below);                     /* 调用函数,低于平均分的人数赋给 n */
    printf("\nbelow the average are:");
    for(i = 0;i < n;i++)
```

```
    printf(" %4d",below[i]);                   /* 输出 below 数组中的 n 个值 */
}
```

(11) 主函数定义 N 行 N 列的二维数组,并用随机函数自动赋值。请编写函数 fun(int a[][N],int n),使其能使数组左下半三角元素中的值乘以 n。要求 n 为由主函数随机产生的 3 以内的正整数。

```
#include "stdio.h"
#include "stdlib.h"                                /* 该库提供 rand() */
#define N 5
void fun(int a[][N],int n)                         /* 使数组左下半三角元素乘以 n */
{   int i,j;
    for(i = 0;i < N;i++)
     for(j = 0;j <= i;j++)
       a[i][j] = a[i][j] * n;
}
void main()
{
    int a[N][N],n,i,j;
    printf(" **** The array **** \n");
    for(i = 0;i < N;i++)                  /* 以下 6 行产生二维数组每一个元素的值并按行输出 */
     for(j = 0;j < N;j++)
     {   a[i][j] = rand() % 10;
         printf(" %4d",a[i][j]);
     }
    printf("\n");
    do n = rand() % 10;
       while(n > 3);                               /* 为 n 赋一个 3 以内的随机数 */
    printf("n = %4d\n",n);                         /* 显示 n 的大小 */
    fun(a,n);                                      /* 对数组部分元素乘以 n */
    printf(" **** The result **** \n");
    for(i = 0;i < N;i++)                           /* 输出结果 */
    {   for(j = 0;j < N;j++) printf(" %4d",a[i][j] );
        printf("\n");
    }
}
```

(12) 编写函数 fun,使其能对主函数中定义的整型数组做如下操作:找出数组中最大数和次最大数(规定不在 a[0]和 a[1]中),依次与 a[0]、a[1]中的数对调。

```
#include "stdio.h"
#define N 20
void fun(int a[], int n)
{      int k,m1,m2,max1,max2,t;
       max1 = max2 = - 32768;                      /* 最大数、次大数初始化成最小 */
       m1 = m2 = 0;
       for(k = 0;k < n;k++)                        /* 逐个判断数组元素 */
         if(a[k]> max1)                            /* 如大于最大值 */
         {________;                                /* 原最大值变为次大值,记录次大值位置 */
```

```
        ______;______;                    /* 修改最大值,记录其位置 */
        }
        else if(a[k]> max2)               /* 如仅大于次大值 */
        {  max2 = a[k];
           m2 = k;
        }                                 /* 修改次大值并记录其位置 */
      t = a[0];
      a[0] = a[m1];
      a[m1] = t;                          /* 作相应交换 */
      t = a[1];
      a[1] = a[m2];
      a[m2] = t;
}
void main()
{
    int b[N] = {7,10,12,0,3,6,9,11,5,8},n = 10,i;
    for(i = 0;i < n;i++)
       printf(" %d ",b[i]);               /* 输出要处理的数据 */
    printf("\n") ;
    fun(b,n);
    for(i = 0;i < n;i++)
       printf(" %d ",b[i]);printf("\n");  /* 输出处理后的数据 */
}
```

(13) 编写函数 fun,根据主函数传递的 m 的值(2<m<10),在 m 行 m 列的二维数组中存放如下数据,数据由 main()函数输出。例如:

m=2 时,输出为:

```
1 2
2 4
```

m=3 时,输出为:

```
1 2 3
2 4 6
3 6 9
#include "stdio.h"
#define M 10
void fun(int a[][M],int m)              /* 根据 m 的值,在数组 a 中存放相应数据 */
{  int j,k;
   for(j = 0;j < m;j++)                 /* 根据规律为各行、各列元素赋值 */
   for(k = 0;k < m;k++)
      a[j][k] = (k + 1) * (j + 1);
}
void main()
{
  int i,j,n; int a[M][M];
  printf("Enter n: ");
  scanf(" %d",&n);
  fun(a,n);                             /* 调用函数为数组赋值 */
```

```
    for(i = 0;i < n;i++)                              /* 按格式输出结果 */
    {   for(j = 0;j < n;j++)
          printf(" %4d",a[i][j]);
        printf("\n");
     }
}
```

# 实验 8 编译预处理

## 一、实验目的

(1) 掌握宏定义的方法。

(2) 掌握文件包含处理方法。

(3) 了解条件编译的方法。

## 二、实验内容

(1) 定义一个带参数的宏,使两个参数的值互换,并写出程序,输入两个数作为使用宏时的实参,输出已交换后的两个值。

```
#include <stdio.h>
#define SWAP(a,b) t = b;b = a;a = t
void main()
{
    int a,b,t;
    printf("Input two integers a,b: ");
    scanf("%d,%d",&a,&b);
    SWAP(a,b);                              /* 宏展开后为 t = b; b = a; a = t; */
    printf("执行替换后:a = %d,b = %d\n",a,b);
}
```

运行结果如下:

```
Input two integers a,b: 8,6↙
执行替换后: a = 6,b = 8
```

(2) 输入两个整数,求它们相除的余数,用带参的宏来实现。

```
#include <stdio.h>
#define SURPLUS(a,b) a%b
void main()
{
  int a,b;
  printf("Input two integers a,b: ");
  scanf("%d,%d",&a,&b);
  printf("Remainder is %d\n",SURPLUS(a,b));
}
```

运行结果如下:

```
Input two integers a,b: 17,14 ↙
Remainder is 3
```

(3) 从键盘输入学生姓名、学号,并输出到屏幕上。

```
#include <stdio.h>
#define IN scanf
#define OUT printf
#define N 2
void main()
{   int i;
    char name[N][20];
    long num[N];
    OUT("Please input name and ID:\n");
    for(i = 0;i < N;i++)
    {   IN("%s",name[i]);
        IN("%ld",&num[i]);
     }
     for(i = 0;i < N;i++)
     {   OUT("%s\t",name[i]);
         OUT("%ld\n",num[i]);
     }
}
```

运行结果如下:

```
Please input name and ID:
Mary 1001 ↙
Tom 1002 ↙
```

## 启发式实验练习

写出下面程序的宏展开形式并判断输出结果。

```
#include <stdio.h>
#define M(x,y,z) x * y + z
void main()
{
    int a = 1,b = 2, c = 3;
    printf("%d\n", M(a + b,b + c, c + a));
}
```

# 实验 9　指　针

## 一、实验目的

(1) 通过实验进一步掌握指针的概念,会定义和使用指针变量。

(2) 能正确使用数组的指针和指向数组的指针变量。

(3) 能正确使用字符串的指针和指向字符串的指针变量。

(4) 了解指向指针的指针的概念及其使用方法。

## 二、实验内容

(1) 写一函数,将一个 3 行 3 列的矩阵转置。

```
#include "stdio.h"
void main()
{
   int a[3][3] = {1,2,3,4,5,6,7,8,9}, *p,i;
   void move(int *pointer);
   p = &a[0][0];
   move(p);                          /*以二维数组的起始元素的地址作实参调用move函数*/
   for(i = 0;i<3;i++)                /*输出转置后各行元素的值*/
      printf("\n%5d%5d%5d",a[i][0],a[i][1],a[i][2]);
}
void move(int *pointer)              /*将以pointer为起始地址的二维数组转置*/
{ int i,j,t;
    for(i = 0;i<3;i++)               /*将数组的对应元素相交换,实现转置*/
      for(j = i;j<3;j++)
      {
         t = *(pointer + 3*i + j);
         *(pointer + 3*i + j) = *(pointer + 3*j + i);
         *(pointer + 3*j + i) = t;
    }
}
```

(2) 输入 10 个整数,将其中最小的数与第一个数对换,把最大的数与最后一个数对换。写三个函数: 分别是输入 10 个数; 进行处理; 输出 10 个数。

```
#include "stdio.h"
void main()
{  int number[10];
   void input(int number[10]);
   void max_min_value(int array[10]);
```

```
    void output(int array[10]);
    input(number);                        /* 调用输入函数输入 number 数组的元素 */
    max_min_value(number);                /* 调用对换函数处理 number 数组 */
    output(number);                       /* 调用输出函数输出 number 数组中元素的值 */
}
void input(int number[10])                /* 此函数向首地址为 number 的数组输入 10 个元素 */
{
    int i;
    printf("Input 10 numbers: ");
    for(i = 0;i < 10;i++)
      scanf("%d", 【1】);                 /* 为数组里的每一个元素输入数值 */
}
void max_min_value(int array[10])         /* 此函数交换 array 数组的对应元素 */
{
    int *max, *min, *p, *array_end;
    array_end = array + 10;
    max = min = array;                    /* max、min 初值为数组首地址 */
    for(p = array + 1;p < array_end;p++)
      if(*p > *max) 【2】;                /* max 中存放最大数的地址 */
      else if(*p < *min) 【3】 ;          /* min 中存放最小数的地址 */
      *p = array[0];array[0] = *min; *min = *p;   /* 最小数与第一个数交换 */
      ______【4】______                   /* 最大数与最后一个数交换 */
    return;
}
void output(int array[10])                /* 此函数输出 array 数组的 10 个元素 */
{
    int *p;
    printf("Now,they are: ");
    for(p = array;p <= array + 9;p++)
    printf("%d ", *p);
}
```

运行结果：

```
Input 10 numbers: 17 24 54 78 1 88 34 23 29 11 ↙
Now,they are: 1 24 54 78 17 11 34 23 29 88
```

(3) 写一函数，求一个字符串的长度。在 main 函数中输入字符串，并输出其长度。

```
#include "stdio.h"
void main()
{
    int len;
    char str[50];
    int length(char *p);
    printf("Input string: ");
    scanf("%s",str);
    len = length(str);                    /* 调用函数求实参字符串的长度 */
    printf("The length of string is %d.",len);
}
int length(char *p)                       /* 此函数返回以 p 为首地址的字符串长度 */
{
```

```
    int n;
    n = 0;
    while( * p!= '\0')                    /* 当串未结束时 */
    { n++;                                /* 计数 */
      p++;                                /* 指针指向下一个字符 */
    }
    return(n);
}
```

运行结果：

```
Input string: Welcom↙
The length of string is 6.
```

**想一想**：如运行时输入 1234　56789↙，则输出结果将是什么？字符串的结束标志是什么？

(4) 输入一行文字，找出其中大写字母、小写字母、空格、数字以及其他字符各有多少？

```
#include "stdio.h"
void main()
{
    int upper = 0, lower = 0, digit = 0, space = 0, other = 0, i = 0;
    char * p, s[20];
    printf("Input string: ");
    while((s[i] = getchar())!= '\n')
      i++;                               /* 从缓冲区逐个读取字符赋给字符数组 */
    p = &s[0];                           /* 指针指向字符串的起始字符 */
    while( * p!= '\n')                   /* 当串未结束时，逐个字符统计 */
    {   if(( * p>= 'A')&&( * p<= 'Z'))
          ++upper;
        else if(( * p>= 'a')&&( * p<= 'z'))
          ++lower;
        else if( * p== ' ')
          ++space;
        else if(( * p>= '0')&&( * p<= '9'))
          ++digit;
        else
           ++other;
        p++;
    }
    printf("upper case: %d lower case: %d ", upper, lower);
    printf("space: %d digit: %d other: %d\n", space, digit, other);
}
```

运行结果：

```
Input string: Today is 2008.10.24↙
upper case: 1   lower case: 6   space: 2 digit: 6   other: 2
```

**想一想**：此程序输入字符串时还可改用哪个函数？

(5) 编程序将字符串 s 中所有的空格字符删去。

```
#include "stdio.h"
void main()
{
    char t[40] = "Our teacher teachs C language"; /* 字符数组初始化 */
    int i,j;
    char *s = t;
    printf("\nBefore delete is: %s ",s);
    for(i = j = 0;t[i]!= '\0';i++)
      if(t[i]!= ' ')
        t[j++] = s[i];              /* 如当前字符不是空格,则重新按顺序存放到原数组中 */
    t[j] = '\0';                    /* 加结束标记 */
    printf("\nNow is: %s:\n",t);
}
```

**想一想**:去掉程序中的 t[j]='\0'; 语句,输出如何变化?

(6) 编写函数 fun,函数的功能是:从字符串中删除指定的字符。同一字符的大小写按不同字符处理。

解法 1:

```
#include "stdio.h"
void fun(char s[],int c)
{
      int i,j;
      for(i = j = 0; *(s + i);i++)
         if(s[i]!= c)
            s[j++] = s[i];
      s[j] = '\0';
}
void main()
{
      static char str[] = "turboc and borlandc++";   /* 字符数组初始化 */
      char ch;
      printf("the old string: %s\n",str);          /* 输出原字符串 */
      printf("Enter a char: ");
      scanf(" %c",&ch);                           /* 输入要删除的字符 */
      fun(str,ch);                                /* 调用函数修改字符串 */
      printf("the new string: %s\n",str);          /* 输出新串 */
}
```

解法 2:

```
void fun(char s[],int c) /* 删除串 s 中的 ASCII 值为 c 的字符 */
{   int i = 0;
    char *p;
     【1】;                          /* 指针 p 指向起始字符 */
    while( *p)                       /* 当串未结束时 */
    {
        if( *p!= c)                  /* 如不是要删除的字符 */
        { s[i] = *p;                 /* 保留到数组中 */
```

```
            i++;
    }                                         /* 修改下一个被保留字符在数组中的下标 */
    p++;                                      /* 继续判断原串中的下一个字符 */
    }
    【2】;                                    /* 被保留字符的末尾加结束标志,以便输出 */
}
```

(7) 编写函数 fun,将 s 所指向字符串的正序和反序进行连接,形成一新串放在 t 数组中。

```
#include "stdio.h"
#include "string.h"
void fun(char *s,char *t)
{
    int i,d;
    d=strlen(s);                              /* 得到 s 串的长度 */
    for(i=0;i<d;i++) 【1】                    ; /* 将 s 串的正序复制到 t 中 */
    for(i=0;i<d;i++) t[d+i]=s[d-1-i];        /* 将 s 串的逆序连接到 t 后 */
    【2】;                                    /* 加结束标记 */
}
void main()
{
    char s[40],t[80];
    printf("\nPlease enter string S: ");
    scanf("%s",s);                            /* 输入已知串 */
    fun(s,t);                                 /* 进行正反序连接 */
    printf("\nThe result is: %s\n",t);        /* 输出连接后的串 */
}
```

(8) 编写函数 fun,统计子串 substr 在主字符串 str 中出现的次数。

```
#include "stdio.h"
int fun(char *str,char *substr)
{
int i,j,k,num=0;
for(i=0; str[i]; i++)                         /* 在主串中逐个字符判断 */
for(j=i,k=0; substr[k]==str[j]; k++,j++)
/* 从当前字符开始与子串比较 */
  if(substr[k+1]=='\0')                       /* 如匹配成功 */
  {   num++;                                  /* 计数 */
      break;                                  /* 从主串中的下一个字符开始判断 */
  }
  return num;                                 /* 返回子串出现的次数 */
}
void main()
{
    char str[80],substr[80];
    printf("Input a string: ");
    gets(str);                                /* 读入主串 */
    printf("Input a substring: ");
    gets(substr);                             /* 读入子串 */
```

```
    printf("%d\n",fun(str,substr));          /* 输出子串出现的次数 */
}
```

(9) 编写函数 fun,在字符串 str 中找出 ASCII 最大的字符,将其放在第一个位置上,并将该字符前的原字符向后顺序移动。

```
#include "stdio.h"
void fun (char *p)
{ char max, *q;
  int i = 0;
  【1】;                              /* 先设 p[0]为最大字符 */
  q = p;
  while (p[i]!= 0)                   /* 逐个字符比较 */
  {   if(p[i]> max)                  /* 如比当前最大字符还大 */
        { max = p[i]; q = p + i;}    /* 重新记下最大字符及其地址 */
      i++;
  }
  while (q > p)                      /* 将最大字符之前的字符依次后移 */
  {   *q = *(q-1);
      q--;
  }
   【2】;                             /* 最大字符放在第一个位置 */
}
void main()
{     char str[80];
      printf("Enter a string: ");
      gets(str);                     /* 读入原串 */
      fun(str);                      /* 作相应处理 */
      puts(str);                     /* 输出新串 */
      printf("\n");
}
```

# 实验 10　结构体和共用体

## 一、实验目的

(1) 掌握结构体类型变量的定义和使用。

(2) 掌握结构体类型数组的概念和使用。

(3) 掌握链表的概念,初步学会对链表进行操作。

(4) 掌握共用体的概念与使用。

## 二、实验内容

(1) 建立一个学生的简单信息表,其中包括学号、年龄、性别及一门课的成绩。要求从键盘为此学生信息输入数据,并显示出来。一个信息表可以由结构体来定义,表中的内容可以通过结构体中的成员来表示。

```
#include"stdio.h"
void main()
{
  struct st
  {   int num;
      int age;
      char sex;
      float score;
  };
  struct st info;
  printf("input number: ");
  scanf("%d",&info.num);
  printf("input age: ");
  scanf("%d",&info.age);
  printf("input sex: ");
  scanf(" %c",&info.sex);
  printf("input score: ");
  scanf("%f",&info.score);
     printf("abcdefg");
  printf("number=%d\n",info.num);
  printf("sex=%c\n",info.sex);
  printf("score=%f\n",info.score);
}
```

(2) 建立 5 名学生的信息表,每个学生的数据包括学号、姓名及一门课的成绩。要求从键盘输入这 5 名学生的信息,并按照每一行显示一名学生信息的形式将 5 名学生的信息显示出来。

```
#include "stdio.h"
struct stud
{
    int num;
    char name [20];
    float score;
};
struct stud s[5];
void main()
{
     int i;
     for (i=0;i<5;i++)
     {
         printf("input number: ");
         scanf("%d", 【1】);                   /*输入学号*/
         printf("input name: " );
         scanf("%s", 【2】);                   /*输入姓名*/
         printf("input score: ");
         scanf("%f", 【3】);                   /*输入成绩*/
     }
     for (i=0;i<5;i++)
     {
         printf("%d ",s[i].num);
         printf("%s ",s[i].name);
         printf("%f\n",s[i].score);
     }
}
```

(3) 显示某人工资信息的程序如下,分析显示结果。

```
#include "stdio.h"
#include "string.h"
void main()
{
    struct Member
    {
        char name[20];
        char department[20];0
        int salary;
    };
    struct Member w1, *p;
    p=&w1;
    strcpy(w1.name,"Jone");                     /*个人信息*/
    strcpy((*p).department, "part1");
    p->salary=2500;
    printf("%s%s%d\n",w1.name,w1.department,w1.salary);
    printf("%s%s%d\n",(*p).name,(*p).department,(*p).salary);
    printf("%s%s%d\n",p->name,p->department,p->salary);
}
```

显示结果：

```
JoneComputer2500
JoneComputer2500
JoneComputer2500
```

说明：从结果中掌握结构体变量和结构体指针变量的使用。

(4) 显示工资表。

```
#include "stdio.h"
struct staff
{
      char name[20];
      int salary;
};
void main()
{
      struct staff * p;
      struct staff teacher[3] = {{ "Li",1900},{"Xu",1800},{"wang",1700}};
      for (p = teacher;p < teacher + 3;p++)
          printf(" % s\'s salary is  % d yuan\n",p -> name, p -> salary);
}
```

程序的运行结果为：

```
Li's salary is 1900 yuan
Xu's salary is 1800 yuan
wang 's salary is 1700 yuan
```

**想一想**：printf("%s\'s salary is %d yuan\n",p－>name, p－>salary)；此语句还可以怎么改写？

(5) 编写两个函数 input 和 print，分别用于输入和打印学生的记录。每个记录包括 num、name、score[3]，现对 5 个学生记录用 input 函数输入这些记录，用 print 函数输出这些记录。

```
#include "stdio.h"
#define N 5
struct student
{
     char num[6];
     char name[8];
     int score[3];
}stu[N];                                    /* 定义结构体数组 */
void main()
{
     void input(struct student stu[]);
     void print(struct student stu[5]);
     input(stu);
     print(stu);                            /* 调用函数输出学生信息 */
}
void input(struct student stu[])            /* 实现输入相应结构体数组的各元素值 */
```

```
{
    int i,j;
    for(i=0;i<N;i++)                          /*读入每个学生信息*/
    {
        printf("input scores of student %d: \n",i+1);
        printf("NO.: ");
        scanf("%s",stu[i].num);
        printf("name: ");
        scanf("%s",stu[i].name);
        for(j=0;j<3;j++)                      /*输入每个学生的3门课成绩*/
        {
            printf("score%d: ",j+1);
            scanf("%d", 【1】 );
        }
        printf("\n");
    }
}
void print(struct student stu[5])         /*结构体数组作函数参数,输出结构体变量的信息*/
{
    int i,j;
    printf("\n NO. name scorel score2 score3\n");
    for(i=0;i<N;i++)
    {  printf("%3s%10s", 【2】 );             /*输出学号和姓名*/
       for(j=0;j<3;j++)
          printf("%7d",stu[i].score[j]);
       printf("\n");
    }
}
```

(6) 用链表存放学生数据。用结构体数组来存放学生数据是静态存储方法,浪费内存空间。现在我们改用链表来处理,每一结点中存放一个学生的数据。程序由三个函数组成,New_record函数用来新增加一个结点,listall函数用来打印输出已有的全部结点中的数据。程序开始运行时若输入"E"或"e"则表示要进行增加新结点的操作,若输入"P"或"p",表示要输出所有结点中的数据。

```
#include "stdlib.h"
#include "stdio.h"
struct stud
{
    char name[20];
    long num;
    int age;
    char sex;
    float score;
    struct stud *next;
};
struct stud *head, *the, *build;
void main()
{
   char ch;
```

```
    void New_record(void);
    void listall(void);
    int flag = 1;
    head = NULL;
    while(flag)
    {
        printf("\ntype'E'or'e' to enter new record,");
        printf("type'P'or'p' to list all record: ");
        ch = getchar();
        getchar();
        switch(ch)
        {
            case 'e':
            case 'E': New_record(); break;
            case 'p':
            case 'P':listall(); break;
            default:flag = 0;
      }                                         /* end switch */
     }                                          /* end while */
}                                               /* end main */
void New_record(void)
{
      char numstr[20];
      build = (struct stud * ) malloc (sizeof(struct stud));    /* 开辟新结点 */
      if (head == NULL)                         /* 如原来为空表,所开辟结点应成为头结点 */
          head = build;
      else                                      /* 否则,应链接到原表的最后一个结点之后 */
      {
          the = head;
          while(the -> next!= NULL)
             the = the -> next;
          the -> next = build;
      }
      the = build;                              /* the 指向新开辟的结点,读入该结点数据 */
      printf("\enter name: ");
      gets(the -> name);
      printf("\nenter number: ");
      gets(numstr);
      the -> num = atoi(numstr);
      printf("\nenter age: ");
      gets(numstr);
      the -> age = atoi(numstr);
      printf("\nenter sex: ");
      the -> sex = getchar();
      getchar();
      printf("\nenter score: ");
      gets(numstr);
      the -> score = atof(numstr);
      the -> next = NULL;                       /* 该结点成为表中最后一个结点 */
}
void listall(void)                              /* 打印全部结点数据 */
```

```
{
    int i = 0;
    if(head == NULL)
    {
        printf("\nempty list.\n");
        return;
    }
    the = head;
    do
    {
            printf("\nrecord number %d\n",++i);
            printf("name: %s\n",the->name);
            printf("num: %ld\n",the->num);
            printf("sex: %c\n",the->sex);
            printf("score: %6.2f\n",the->score);
            the = the->next;
    } while(the!= NULL);
    /* 打印完最后一个结点不再打印 */
}
```

# 实验 11　位运算

## 一、实验目的

(1) 掌握按位运算的概念和方法,学会使用位运算符。

(2) 学会通过位运算实现对某些位的操作。

## 二、实验内容

(1) 在程序中给定两个正整数:①分别将它们连续多次左移、右移一位。②连续多次左移、右移两位。请以十进制、十六进制显示每一次的结果。

```
#include "stdio.h"
void main()
{
   int small,big,index,count;
   printf("  left(%%d)  left(%%x)  right(%%d)  right(%%x)\n\n");
   small = 1;                              /* 初始化小数 */
   big = 0x4000;                           /* 初始化大数 */
   for(index = 0;index < 17;index++)
   {
      printf("%10d %10x %10d %10x\n",small,small,big,big);
      small = small << 1;                  /* 将小数左移一位 */
      big = big >> 1;                      /* 将大数右移一位 */
   }
   getchar();                              /* 按键后继续 */
   printf("\n");
   printf("  left(%%d)  left(%%x)  right(%%d)  right(%%x)\n\n");
   count = 2;
   small = 1;
   big = 0x4000;
   for(index = 0;index < 9;index++)
   {
      printf("%10d %10x %10d %10x\n",small,small,big,big);
      small = small << count;              /* 小数左移两位 */
      big = big >> count;                  /* 大数右移两位 */
   }
}
```

(2) 编写程序,利用"异或"操作加密解密。

```
#include "stdio.h"
#include "string.h"
```

```
void main()
{
    int i,n;
    char ch1[20] = "I Love China!",ch2[20];
    printf("Please Input the Key:");
    scanf("%d",&n);
    for(i = 0;i < strlen(ch1);i++)
    {
        ch2[i] = ch1[i]^n;
    }
    ch2[i] = '\0';
    printf("After XOR ch1 is %s\n",ch2);
    for(i = 0;i < strlen(ch1);i++)
    {
        ch1[i] = ch2[i]^n;
    }
    printf("After the second XOR ch1 is %s\n",ch1);
}
```

程序运行后输入

```
Please Input the Key:5↙
After XOR ch1 is L%Ijs`%Fmlkd$
After the second XOR ch1 is I Love China!
```

# 实验 12 文 件

## 一、实验目的

（1）掌握文件以及缓冲文件系统、文件指针的概念。

（2）学会使用文件打开、关闭、读、写等文件操作函数。

（3）学会用缓冲文件系统对文件进行简单的操作。

## 二、实验内容

（1）从键盘输入一个字符串和一个十进制整数，将它们写入 test 文件中，然后再从 test 文件中读出并显示在屏幕上。

```
#include "stdio.h"
void main()
{
    FILE *fp;
    char s[80];
    int a;
    if((fp=fopen("test","w"))==NULL)          /*以写方式打开文本文件*/
    {   printf("cannot open file.\n");
        //exit();
    }
    fscanf(stdin,"%s%d",s,&a);                /*从标准输入设备(键盘)上读取数据*/
    fprintf(fp,"%s %d",s,a);                  /*以格式输出方式写入文件*/
    fclose(fp);                               /*写文件结束关闭文件*/
    if((fp=fopen("test","r"))==NULL)          /*以读方式打开文本文件*/
    {   printf("cannot open file.\n");
        //exit(1);
    }
    fscanf(fp,"%s%d",s,&a);                   /*以格式输入方式从文件读取数据*/
    fprintf(stdout,"%s %d\n",s,a);            /*将数据显示到标准输出设备上*/
    fclose(fp);                               /*读文件结束关闭文件*/
}
```

（2）从键盘输入一行字符串，实现小写字母全部转换成大写字母，然后输出到一个磁盘文件“file1”中保存，并输出一行检验该文件中的内容。

```
#include "stdio.h"
void main()
{
    FILE *fp;
```

```
    char str[100];
    int i;
    if((fp = fopen("file1","w")) == NULL)        /* 以写方式打开文本文件 */
     {  printf("can not open file.\n");
     }
    printf("Input a atring: ");
    gets(str);                                   /* 读入一行字符串 */
    for (i = 0;str[i];i++)                       /* 处理该行中的每一个字符 */
    {   if(str[i]>= 'a'&&str[i]<= 'z')           /* 若是小写字母 */
            str[i] -= 32;                        /* 将小写字母转换为大写字母 */
        fputc(str[i],fp);                        /* 将转换后的字符写入文件 */
    }
    fclose(fp);                                  /* 关闭文件 */
    fp = fopen("file1","r");                     /* 以读方式打开文本文件 */
    fgets(str,100,fp);                           /* 从文件中读入一行字符串 */
    printf(" %s\n",str);
    fclose(fp);                                  /* 关闭文件 */
}
```

(3) 有两个学生，每人有三门课的成绩，从键盘输入学生学号、姓名、三门课成绩，计算出每人平均分并将其和原始数据都存放在磁盘文件“sinfo”中，并检验 sinfo 文件的内容。

```
#include "stdio.h"
struct student
{    char num[6];
     char name[8];
     int score[3];
     float ave;} stu[2],out; /* 定义结构体数组 stu 和结构体变量 out */
void main()
{
     int i,j;
     float sum;
     FILE * fp;
/* 从键盘输入数据 */
     for(i = 0;i < 2;i++)
     {  printf("\ninput information of student %d : \n",i + 1);
        printf("num: ");
        scanf(" %s",stu[i].num);                 /* 输入学号 */
        printf("name: ");
        scanf(" %s",stu[i].name);                /* 输入姓名 */
        sum = 0;
        for(j = 0;j < 3;j++)                     /* 输入三门课的成绩并求和 */
        {   printf(" score %d. ",j + 1);
            scanf(" %d",&stu[i].score[j]);
            sum = sum + stu[i].score[j];
        }
        stu[i].ave = sum/4;                      /* 求平均成绩 */
     }
        /* 将数据写入文件 */
      fp = fopen("sinfo ","wb");                 /* 以二进制写方式打开文件 */
      for(i = 0;i < 2;i++)                       /* 将内存中的学生数据输出到磁盘文件中 */
```

```
    if(fwrite(&stu[i],sizeof(struct student),1,fp)!= 1)
        printf("file write error\n");
  fclose(fp);                              /* 关闭文件 */
  /* 验证写入情况 */
  fp = fopen("sinfo ","rb");               /* 以读方式打开二进制文件 */
  printf("num name score1 score2 score3 score4 ave\n");
  while(fread(&out,sizeof(out),1,fp))    /* 从文件读入数据,在屏幕上输出 */
  {    printf(" % - 6s % - 8s",out.num,out.name);
       for(j = 0;j < 3;j++) printf(" % - 8d",out.score[j]);
         printf(" % 6.2f\n",out.ave);
  }
  fclose(fp);                              /* 关闭文件 */
}
```

# 第 3 部分

# 课程设计篇

# 课程设计 1　学生成绩管理系统

## 1.1　课程设计的目的

采用结构化程序设计方法，综合运用 C 语言的基本知识，尤其是数组、函数、指针及流程控制等，并补充课程中虽未涉及但实用中必要的其他内容，实现一个功能较为齐全的程序实例。

(1) 程序的主要功能如下：

① 按学号记录一个班 M 名学生 N 门课程的期末考试成绩。

② 逐一显示 M 个学生的有关数据。

③ 实现查找、删除。

④ 能统计出补考学生及其相应科目。

(2) 设计的方法步骤

① 自愿结合，每两三名同学为一组，选组长一名。

② 由组长主持，全组一起消化理解整个程序的基本功能。在此基础上，明确每一名同学所承担的具体模块(函数)。

③ 尽可能独立地实现系统的功能(组内同学可一起讨论)，确有困难，可参照本书中所附的示范案例。

④ 应认真研读本书中示范案例中的思考题，为答辩做准备。

## 1.2　课程设计报告的内容

(1) 课程设计的目的。

(2) 课程设计题目及主要功能。

(3) 程序中用到的主要数据结构及程序的总体功能框图。

(4) 所实现的模块(函数)功能及源程序。

(5) 所实现的模块(函数)中最能代表你设计水平的算法框图。(可选)

(6) 课程设计的心得体会。(可选)

## 1.3　答 辩 要 求

(1) 以组为单位答辩，答辩时应提供能运行的完整程序及课程设计报告(每人一份)。

(2) 组长概述程序的总体功能及总的设计思路后，逐个同学上机演示本人承担的模块功能并回答老师的提问。

(3) 提问问题中除指导书上列出的思考题，还包括老师随时针对你的源代码、框图等以及设计中涉及到的基本知识所提出的问题。

## 1.4 参考代码

**1. 设计的基本思路**

采用 C 语言在 Visual C++ 6.0 集成开发环境下完成所有功能，字符用户界面，结构化程序设计方法。

依据 N. Wirth 的著名公式：

程序=数据结构+算法

其中数据结构要解决两个问题：表示一个学生的属性及 M 个学生的集合；算法则应实现程序的功能。

**2. 数据结构**

用一个结构体类型表示一个学生的属性：

```
typedef struct student{
     long number                        /* 学号 */
     char name[10];                     /* 姓名 */
     int score[N];                      /* N门功课考试成绩 */
     struct student * next;             /* 为构成链表而设 */
}Student;
```

我们采用单链表表示 M 个学生的集合，这主要是为了熟悉链表的操作。所以在 Student 类型中事先已设置了 next 域。

**3. 系统的功能框图(图 3-1-1)**

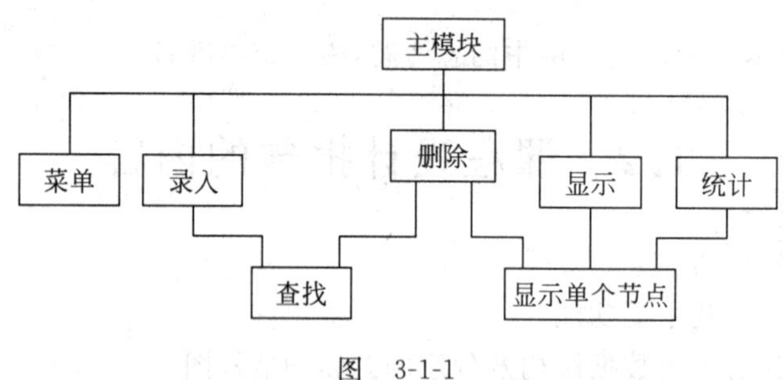


图 3-1-1

**4. 系统各功能模块(函数)的实现**

首先定义一个头文件 my.h，后面程序包含此头文件，便可进行函数间的调用。

```
#include <stdio.h>
#include <string.h>
#include <malloc.h>
#include <conio.h>
#include <stdlib.h>
#define N 4                             /* 课程数量 */
```

```
typedef struct student
{
    long number;
    char name[10];
    int score[N];
    struct student * next;
}Student;
char menu();                                //显示菜单
void input(Student * );                     //录入记录
void del (Student * );                      //删除记录
Student * search(Student * ,long);          //查找函数
void reexamine(Student * );                 //不及格的学生信息
void display(Student * );                   //显示考生信息
void dispnode(Student * );                  //显示每个结点
```

(1) 主函数模块(main()函数)

主模块的主要功能是反复显示菜单,根据用户的选项,调用相应的功能模块,直到用户选择退出。

```
#include"my.h"
char course[N][20];
void main()
{
    Student * head;
    Student * p;
    char ch;
    long num;                               /* 学生人数 */
    int i;
    printf("\nEnter %d course names:\n",N);
    for(i=0;i<N;i++)
    {
        gets(course[i]);
    }
    p=(Student * )malloc(sizeof(Student));
    if(p==NULL)
    {
        printf("\nMemory allocation error.");
        exit(1);
    }
    else
    {
        p->number=0;
        p->next=NULL;
        strcpy(p->name,"head node");
        for(i=0;i<N;i++)
            p->score[i]=0;
        head=p;
    }
    do{
        ch=menu();
        switch(ch)
```

```
        {
            case '1':input(head);
                    break;
            case '2':display(head);
                    printf("\nEnter any key to continue,please:");
                    break;
            case '3':del(head);
                    printf("\nEnter any key to continue,please:");
                        break;
            case '4':printf("\nEnter the number of student:");
                    scanf("%ld",&num);
                    p=search(head,num);
                    if(p==NULL)
                    printf("\n%ld number student is not found.",num);
                    else
                    dispnode(p->next);
                    printf("\nEnter any key to continue,please:");
                    break;
            case '5':reexamine(head);
                    printf("\nEnter any key to continue,please:"); break;
            case '6':printf("\nExit the program now,bye_bye!");
                    exit(0);
                    break;
            default:printf("\nYou should press <1> --- <6>");
                if(ch=='\n' || ch=='\t' || ch==' ')
                    printf("\nch is white character.\n");
                else
                    printf("\nch= %c\n",&ch);
                break;
        }
    }while(1);
}
```

**思考题：**

① main()函数中的循环怎样才能结束？

② 除了用 do-while，还可用什么循环语句？

③ head 所指的空结点的 number 域可用于表示什么信息？

(2) 显示菜单模块

显示一个字符界面的菜单，返回代表用户选项的一个数字字符。

参考程序如下：

```
#include"my.h"
char menu()
{
    char ch;
    printf("\n\n\t1 --- Input\n");
    printf("\n\t2 --- Display\n");
    printf("\n\t3 --- delete\n");
    printf("\n\t4 --- Search\n");
```

```
    printf("\n\t5 --- Reexamine\n");
    printf("\n\t6 --- Exit\n");
    printf("\n\n\t\t Enter your choice:");
    ch = getchar();
    return ch;
}
```

**思考题：**

① 你能自己设计一个更美观好用的字符用户界面吗？

② 用单个字符代表用户的选项，如 I 代表 input，则菜单程序应如何修改？

（3）录入模块

录入学生的数据，按学号从小到大的顺序插入到链表中。如果链表中已存在该学生，则给出提示信息，不重复录入。一次可录入 0，…，n 名学生数据，当输入学号为非正时，结束录入。

参考程序如下：

```
#include"my.h"
extern char course[N][20];
void input(Student * h)
{
    long num;
    Student *p, *q, *r;
    int i,n = 0;                    /*n是统计调用一次 input 函数所录入学生的数量*/
    printf("\nEnter data for a student:\n");
    printf("\nNumber:");
    scanf("%ld",&num);
    while(num > 0)
    {
        p = search(h,num);
        if(p!= NULL)
        {
            printf("\n%ld number student has been existed.",num);
            printf("\nReenter number for a student,please:");
            scanf("%ld",&num);
        }
        else
        {
            p = (Student *)malloc(sizeof(Student));
            if(p == NULL)
            {
                printf("\nMemory allocation error.");
                exit(1);
            }
            else
            {
                n++;                /*学生数量增加*/
                p->number = num;
                printf("\nName:");
                gets(p->name);
```

```
                printf("\nEnter %d examine scores:",N);
                for(i=0;i<N;i++)
                {
                    printf("\n%s:\t",course[i]);
                    scanf("%d",&p->score[i]);
                }
            }
            r=h;
            q=r->next;
            while(q!=NULL && num>q->number)
            {
                r=q;
                q=q->next;
            }
            r->next=p;
            p->next=q;
            printf("\nEnter data for a student:\n");
            printf("\nNumber:");
            scanf("%ld",&num);
        }
    }
    h->number +=n;
    printf("\n There are(is) %d student(s) were(was) inserted.",n);
    printf("\n There are(is) total %ld student(s).",h->number);
}
```

**思考题：**

① 在录入模块中，为什么要调用查找模块？

② 在此模块内，表头指针所指的空的头结点起到了什么作用？

③ 在接收学生姓名时，用了库函数 gets(name)；比运用 scanf("%s",name)好处在哪儿？

④ 不调用 search()，代码应如何修改？

⑤ 程序保证每门课的成绩在[0,100]范围内，怎样实现？

(4) 输出某个结点

输出符合条件的一名学生信息。

```
#include"my.h"
extern char course[N][20];
void dispnode(Student * p)
{
    int i;
    printf("\n\nData for the student:\n");
    printf("number is %ld\tName is %s\n",p->number,p->name);
    printf("%d course scores are:\n",N);
    for(i=0;i<N;i++)
        printf("%s\t%d\n",course[i],p->score[i]);
}
```

(5) 显示模块

显示模块遍历链表，逐个显示学生的数据。

此模块功能与输出补考名单类似，只是不必筛选，因此更简单一些。

参考程序如下：

```
#include"my.h"
void display(Student * h)
{
    Student * p;
    if(h->number==0)
        printf("\nThere is no student in the list.\n");
    else
    {
        p=h->next;
        while(p!=NULL)
        {
            dispnode(p);
            printf("\nEnter any to continue,please:");
            p=p->next;
        }
    }
    {
        int many;                          /* 学生的数量是否多于1个 */
        many=h->number>1;
        printf("There %s %ld student(s)",many?"are":"is",h->number);
    }
}
```

(6) 查找模块

在给定的链表中查找给定学号的学生。找到则返回给定结点前驱结点的指针，找不到返回 null。

这里所以要返回前驱结点的指针，而不是待查结点的指针，原因在于删除模块想调用查找模块，插入结点时要用到待删结点的前驱结点的指针。这是本查找模块与一般查找不同的一个创意。

参考程序如下：

```
#include"my.h"
Student * search(Student * h,long num)
{
    Student *p, *q;
    q=h;
    p=h->next;
    if(p==NULL)
        return NULL;
    else
        {
            while(p!=NULL && p->number!=num)
            {
                q=p;
```

```
            p = p -> next;
        }
        if(p!= NULL && p -> number == num)
            return q;
        else
            return NULL;
    }
}
```

**思考题：**

① 此search()模块为何返回所查结点前驱的指针？

② 如果不考虑插入的需要，本模块应如何修改？

(7) 输出补考名单

遍历整个链表，输出需补考的学生名单及补考课目。

这一功能很有实际意义。它是在遍历链表的基础上进行筛选。附带求出全班的不及格率。

参考程序如下：

```
#include"my.h"
void reexamine(Student * h)
{
    Student *p;
    int pass;                          /* 用逻辑控制量,不及格时 pass = 0,及格为 1 */
    int i;
    int nopass = 0;                    /* 不及格学生的数量 */
    if(h -> number == 0)
        printf("\nThere is no student in the list.");
    else
    {
        p = h -> next;
        while(p!= NULL)
        {
            pass = 1;
            for(i = 0;i < N;i++)
            {
                if(p -> score[i]< 60)
                {
                    pass = 0;
                    nopass++;
                    break;
                }
            }
            if(pass == 0)
            {
                dispnode(p);
                printf("\nEnter any key to continue,please:");
            }
            p = p -> next;
        }
```

```
            printf("\n\nThere %s total %ld student(s)",h->number>1?"are":"is",h->number);
            printf("\nincluded %d student%c no-pass.",nopass,nopass>1?'s':' ');
            printf("\nNo-pass percentage is %.2f%%.\n",(float)(nopass)/h->number*100);
        }
    }
```

**思考题**：int 型变量 pass 的作用是什么？ while 循环中为什么有 pass=1;这条语句？

(8) 删除模块

由用户指定待删除学生的学号,调用 search()模块,若找到则删除,否则返回,一次只删除一个学生。

参考程序如下：

```
#include"my.h"
void del(Student *h)
{
    Student *p, *q;
    int num;
    char answer;
    printf("\nEnter number of the student being deleted:");
    scanf("%ld",&num);
    q = search(h,num);
    if(q!= NULL)
    {
        p = q->next;
        dispnode(p);
        printf("\nDelete the student,are you sure?(Y/N):");
        answer = getchar();
        answer = tolower(answer);
        if(answer == 'y')
        {
            q->next = p->next;
            free(p);
            h->number--;
        }
        else
        {
            printf("\n You change your idea,bye_bye.");
        }
    }
    else
    {
        printf("\nThe student to be deleted is not found.");
    }
}
```

**思考题**：

① 如果想一次可删除多个学生,此模块的程序代码应怎样修改？

② free(p);起什么作用？

③ 实际删除结点前,显示一下待删结点包含的信息,然后再次要求用户确认要删除此

结点，你认为是否有必要？程序是如何实现的？

## 1.5 程序的调试

为了调试每个模块，首先要对该模块单独编译，以便让编译器尽可能地发现语法方面的错误，然后加以改正，直至编译成功。然后，我们需要编写一个 main()函数，调用该模块，以发现逻辑上的错误，并进一步分析对代码进行优化。当可以正常执行后再仔细划分程序所能处理数据的各种情况，特别是边界上的数据，能否被正确处理；异常或错误的数据能否被程序所发现并剔除，例如，对 menu()函数，就需反复调用，以验证在多次调用时是否每次都能按预期的方式工作。

另外，各模块虽然相互独立，但逻辑上有一定的先后次序。建议调试次序为先调 menu()、search()、input()，然后调其他模块。

联调要建立项目文件(或称工程文件)。具体操作方法是：在 Visual C++ 6.0 的集成开发环境下，用编辑器建一个项目文件(.prj 是必需的，文件名可选)，内容如下：

```
main.c
menu.c
input.c
display.c
dispnode.c
search.c
delete.c
reexam.c
```

命名为 student.prj，然后通过 File 菜单为该工程添加头文件和源文件。当然，在各模块正确通过编译后，联调还会产生一些错误，有些错误还比较隐蔽，需要耐心、细致地一一查找改正，这也是锻炼我们实际工作能力的好机会。调试中要充分利用 Visual C++ 6.0 集成开发环境提供的各种调试手段，如单步运行、设置断点、添加观察项等。

程序主界面如图 3-1-2 所示。

```
Enter 4 course names:
aa
bb
cc
dd


            1 --- Input

            2 --- Display

            3 --- delete

            4 --- Search

            5 --- Reexamine

            6 --- Exit
```

图 3-1-2

然后选择 1,输入输入学生信息,如图 3-1-3 所示。

```
                    Enter your choice:1

Enter data for a student:

Number:1001

Name:Mary

Enter 4 examine scores:
aa:     68

bb:     59

cc:     67

dd:     85

Enter data for a student:

Number:1002

Name:Alice

Enter 4 examine scores:
aa:     69

bb:     67

cc:     49

dd:     87

Enter data for a student:

Number:0
```

图 3-1-3

接下来输入 2,显示所有学生信息,如图 3-1-4 所示。

```
                    Enter your choice:2


Data for the student:
number is 1001  Name is Mary
4 course scores are:
aa      68
bb      59
cc      67
dd      85

Enter any to continue,please:

Data for the student:
number is 1002  Name is Alice
4 course scores are:
aa      69
bb      67
cc      49
dd      87

Enter any to continue,please:There are  2 student(s)
```

图 3-1-4

查找某学号学生，设 1002，如图 3-1-5 所示。

```
                Enter your choice:4

Enter the number of student:1002


Data for the student:
number is 1002  Name is Alice
4 course scores are:
aa      69
bb      67
cc      49
dd      87
```

图　3-1-5

最后统计不及格学生情况，如图 3-1-6 所示。

```
                Enter your choice:5


Data for the student:
number is 1001  Name is Mary
4 course scores are:
aa      68
bb      59
cc      67
dd      85

Enter any key to continue,please:

Data for the student:
number is 1002  Name is Alice
4 course scores are:
aa      69
bb      67
cc      49
dd      87

Enter any key to continue,please:

There are total 2 student(s)
included 2 students no-pass.
No-pass percentage is 100.00%.
```

图　3-1-6

# 课程设计 2　餐厅信息管理程序

本章要求设计一个餐厅管理程序，要求实现客户点菜、客户结账和餐厅设备维护功能，每一种功能下面还需要分为许多小模块；使用各自不同的结构体来存储各种信息；使用链表来实现订单信息的创建、客户结账、账目管理等操作；使用文件来保存数据，下次运行时可以从文件中自动读取数据。

## 2.1　实践目的

（1）掌握带头结点的链表的工作原理和处理方式。

（2）会使用 malloc、free 等函数对链表进行创建、增加、删除等操作，会遍历链表以实现查询等操作。

（3）加深理解模块化的编程思想，将一个程序划分成不同的函数来编写，掌握函数之间有效的调用关系。

（4）会使用 C 语言对文字进行读取、修改等操作，掌握二进制文件和文本文件之间的区别。

（5）了解餐厅管理过程中所需要处理的信息及相关的处理方法。

## 2.2　基本要求

（1）本章程序要求实现客户点菜的过程、客户结账、账目的管理、餐厅系统的维护四大功能模块，每个功能模块又分别对应一些不同操作子模块，从而完成一个餐厅信息管理系统功能。

（2）要求使用三种不同的结构体来分别存储餐桌、菜以及订单信息。

（3）使用链表来实现创建客户订单与客户结账等操作。

（4）使用文本文件完成数据的存储与读取，完成账单的管理。

（5）系统制作完成后应实现类似图 3-2-1 所示界面。

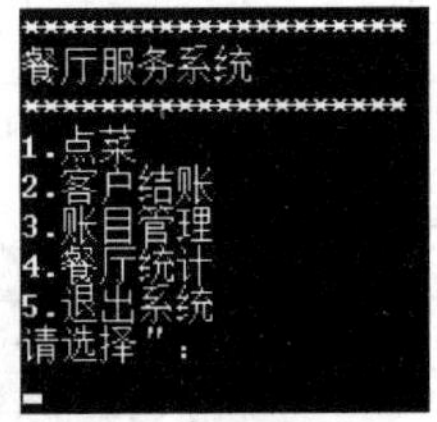


图　3-2-1

## 2.3 算法分析

### 1. 数据结构

(1) 订单结构体

```
typedef struct Order{
    int Table_ID;                       //记录餐桌编号
    int Dish_ID[N];                     //记录菜的编号
    struct Order * next;
}ORDER;
```

(2) 餐桌结构体

```
typedef struct Table{
    int Table_ID;                       //餐桌编号
    int Capacity;                       //餐桌最多能容纳的人数
    int Table_State;                    //1——有人在用,0——没人用
}TABLE;
```

(3) 菜结构体

```
typedef struct Dish{
    int Dish_ID;                        //菜的编号
    char Dish_Name[15];                 //菜名
    float Dish_Price;                   //价格
}DISH;
TABLE tb[H];                            //声明餐桌结构体数组
DISH dish[D];                           //声明菜的结构体数组
```

函数定义与说明如表 3-2-1 所示。

**表 3-2-1**

| 函数原型 | 功能说明 |
|---|---|
| void Table_Init(); | 餐桌信息初始化 |
| void Load_Dish(); | 从文件中读取菜谱 |
| void Dish_Menu(); | 打印菜单 |
| void Display(int); | 打印菜信息,参数为菜的编号 |
| int search(); | 查找匹配型号的餐桌,返回餐桌号 |
| ORDER * CreateOne(int); | 创建一个客户结点,参数为餐桌编号,返回订单结点指针 |
| ORDER * Dish_Order(ORDER * ,ORDER * ); | 点菜,参数分别为订单头指针和客户结点指针,返回订单头指针 |
| void Save_Inform(ORDER * ,int); | 消费历史记录,参数分别为客户结点指针和点菜的总数 |
| void saveInList(float); | 将客户消费金额存入账目,参数为销售额 |
| ORDER * Payment(ORDER * ); | 客户结账,参数为订单头指针,返回订单头指针 |
| int Pass_Word(); | 密码验证,返回密码验证的结果 1 或 0 |

续表

| 函数原型 | 功能说明 |
| --- | --- |
| void ModifyPW()； | 修改账目密码 |
| void List_Management()； | 账本管理 |
| void Observe()； | 查看账目 |
| void ListMenu()； | 账目管理菜单 |
| void Main_Menu()； | 显示系统菜单 |
| void Menu_Select()； | 完成系统各项功能 |
| void Get_Rank()； | 对菜进行统计排名 |

**2. 处理过程**

(1) 点菜功能的实现

先调用 search()函数，查找客户所需要的餐桌，找到后调用 Dish_Menu()函数打印菜谱，接着调用 CreateOne(float)函数创建一个订单结点，最后调用 Dish_Order()函数，将新创建的订单链到链表表尾。至此，实现了客户点菜的功能。

(2) 结账功能的实现

先让客户输入自己就餐的餐桌编号，根据编号查找客户消费的具体情况，并调用 Display()函数打印客户点的菜的信息，接着调用 Save_Inform()函数将订单信息写入历史记录文本文件中进行保存，作为统计的基础，然后调用 saveInList()函数将客户消费总额和消费的具体时间存入名为“账本”的文件中，作为账目管理的基础。至此，实现了客户结账的功能模块。

(3) 账目管理

调用 void List_Management()函数并且通过密码验证，进入 ListMenu()函数。选择功能 1，调用 ModifyPW()函数进行密码修改；选择功能 2，调用 Observe()函数查看账单；选择 3，则返回系统主菜单。

(4) 统计菜排名

通过调用 Get_Rank()函数，打印近期比较受欢迎的四道菜。

```
    while(!feof(fp)){
      fscant(fp,"%d\n",&n);
      i=0;
      while(i!=n){
      fscanf(fp,"%d%*s%*s",&m,s,s);
          for(j=0;j<10;j++){
          if(m==dish[j].Dish_ID){
              count[j]++;
              break;
          }
      }
      i++;
      if(i==n)
          fscanf(fp,"%*s%*s%*s%*s%*s\n",s,s,s,s,s)
   }
}
```

```
printf("菜的受欢迎程度如下:\n");
for(i = 0;i < 10;i++){
    printf("\n&d 菜: ",i + 1);
    for(j = 0;j < count[i];j++)
        printf(" * ");
}
```

## 2.4 参考代码

```
#include <stdio.h>
#include <stdlib.h>
#include <stdio.h>
#include <conio.h>
#include <string.h>
#include <stdlib.h>
#include <time.h>
#define N 10
#define D 10
#define H 10
#define ASK (ORDER *)malloc(sizeof(ORDER))
#define MaxCapacity 4
int PASSWORD = 123;
typedef struct Order{
    int Table_ID;                    //记录餐桌编号
    int Dish_ID[N];                  //记录菜的编号
    struct Order *next;
}ORDER;
typedef struct Table{
    int Table_ID;                    //餐桌编号
    int Capacity;                    //餐桌最多能容纳的人数
    int Table_State;                 //1——有人在用,0——没人用
}TABLE;
typedef struct Dish{
    int Dish_ID;                     //菜的编号
    char Dish_Name[15];              //菜名
    float Dish_Price;                //价格
}DISH;
void Table_Init();                   //餐桌信息初始化
void Load_Dish();                    //从文件中读取菜谱
void Dish_Menu();                    //打印菜单
void Display(int);                   //打印菜信息,参数为菜的编号
int search();                        //查找匹配型号的餐桌,返回餐桌号
ORDER *CreateOne(int);               //创建一个客户结点,参数为餐桌编号,返回订单结点指针
ORDER *Dish_Order(ORDER *,ORDER *);       //点菜,参数分别为订单头指针和客户结点指针,返回
                                          //订单头指针
void Save_Inform(ORDER *,int);       //消费历史记录,参数分别为客户结点指针和点菜的总数
void saveInList(float);              //将客户消费金额存入账目,参数为销售额
ORDER* Payment(ORDER *);             //客户结账,参数为订单头指针,返回订单头指针
```

```
int Pass_Word();                    //密码验证,返回密码验证的结果 1 或 0
void ModifyPW();                    //修改账目密码
void List_Management();             //账本管理
void Observe();                     //查看账目
void ListMenu();                    //账目管理菜单
void Main_Menu();                   //显示系统菜单
void Menu_Select();                 //完成系统各项功能
void Get_Rank();                    //对菜进行统计排名
int main(int argc, char * argv[])
{
  Table_Init();
  Menu_Select();
  system("PAUSE");
  return 0;
}
void Main_Menu(){
printf("\n ******************** \n");
printf("餐厅服务系统\n");
printf(" ******************** \n");
printf("1.点菜\n");
printf("2.客户结账\n");
printf("3.账目管理\n");
printf("4.餐厅统计\n");
printf("5.退出系统\n");
}
//选择功能
void Menu_Select(){
    ORDER * head;
    int choose;
    int result;
    head = NULL;
    system("cls");
    do{
       Load_Dish();
       Main_Menu();
       printf("请选择": \n");
       fflush(stdin);
       scanf(" % d",&choose);
       switch(choose){
          case 1: result = search();
                    if(result == 1)
                       printf("您可以到 % d 号餐桌就餐\n",result);
                    else
                      printf("您和您的朋友可以到 % d 号餐桌就餐\n",result);
                    Dish_Menu();
                    head = Dish_Order(head,CreateOne(result));
                    break;
          case 2: head = Payment(head);
```

```
                        break;
                case 3: List_Management();
                        break;
                case 4: Get_Rank();
                        break;
                case 5: exit(1);
                        break;
            }
        }while(1);
}
//从文件中读取菜谱
void Load_Dish(void){
    FILE * fp;
    int i;
    fp = fopen("dish_name.txt","r");
    for(i = 0;i < D;i++)
    {
    fscanf(fp," % d\t % s\t % f\n",&dish[i].Dish_ID,dish[i].Dish_Name,
            &dish[i].Dish_Price);
    }
}
//餐桌初始化
void Table_Init(){
    tb[0].Capacity = 1;tb[0].Table_ID = 1;
    tb[1].Capacity = 1;tb[1].Table_ID = 2;
    tb[2].Capacity = 2;tb[2].Table_ID = 3;
    tb[3].Capacity = 2;tb[3].Table_ID = 4;
    tb[4].Capacity = 2;tb[4].Table_ID = 5;
    tb[5].Capacity = 3;tb[5].Table_ID = 6;
    tb[6].Capacity = 4;tb[6].Table_ID = 7;
    tb[7].Capacity = 4;tb[7].Table_ID = 8;
    tb[8].Capacity = 4;tb[8].Table_ID = 9;
    tb[9].Capacity = 4;tb[9].Table_ID = 10;
}
//显示菜谱
void Dish_Menu(){
    int i;
    printf(" ********** 欢迎选购本店菜 ********** \n");
    printf("菜编号\t 菜名\t 菜单价\n");
    for(i = 0;i < D;i++)
      printf(" % - 8d % - 14s % - 6.2f\n",dish[i].Dish_ID,dish[i].Dish_Name,
              dish[i].Dish_Price);
}
//查找有没有匹配的餐桌
int search(){
    int Cust_Num;
    int i;
    printf("请输入来客数量:\n");
```

```
    scanf(" %d",&Cust_Num);
     if(MaxCapacity < Cust_Num){
         printf("抱歉,本店没有容纳 %d 的餐桌!",Cust_Num);
         return -1;
    }
    while(Cust_Num <= MaxCapacity){
        for(i = 0;i < H;i++){
             if(tb[i].Table_State == 0){
                 if(tb[i].Capacity == Cust_Num)
                     return (tb[i].Table_ID);
             }
        }
        printf("抱歉,现在没有 %d 人桌",Cust_Num);
            Cust_Num += 1;
        }
        printf("餐桌已满,请客人稍等一会.");
        return -1;
}
//创建一份订单
ORDER * CreateOne(int result){
    ORDER *p;
    int i;
    p = ASK;
    if(result!= -1){
        p->Table_ID = result;
        for(i = 0;i < D;i++){
            printf("请输入菜的编号,按 0 结束输入: ");
            scanf(" %d",&p->Dish_ID[i]);
            if(p->Dish_ID[i]< 0 || p->Dish_ID[i]> 10){
                printf("超出菜谱范围,请重新输入\n");
                i--;
            }
            else if(p->Dish_ID[i] == 0)
                    break;
        }
      tb[result - 1].Table_State = 1;
    }
    p->next = NULL;
    return p;
}
//添加到主链
ORDER * Dish_Order(ORDER *head,ORDER *p){
    ORDER *p1;
    p1 = head;
    if(p1!= NULL){
        if(p!= NULL){
            while(p1->next!= NULL){
                p1 = p1->next;
```

```
                }
                p1->next = p;
                printf("订单创建成功\n");
            }
            else
                printf("订单创建失败\n");
        }
        else{
            if(head == NULL&&p!= NULL)
                head = p;
        }
        return head;
    }
    //根据菜的编号打印一道菜的信息
    void Display(int ID){
        int i = 0;
        for(i = 0;i<D;i++){
            if(dish[i].Dish_ID == ID){
                printf("%d\t%s\t%f\n",dish[i].Dish_ID,dish[i].Dish_Name,dish[i].Dish_Price);
                break;
            }
        }
    }
    //将消费额写入账单
    void saveInList(float pay){
        FILE *fp;
        time_t timer;
        timer = time(NULL);
        if((fp = fopen("账本.txt","a")) == NULL){
            printf("操作失败\n");
            exit(1);
        }
        fprintf(fp,"%f\t%s\n",pay,ctime(&timer));        //系统时间有问题
        printf("账本保存成功\n");
        fclose(fp);
    }
    //将已结账客户写入历史记录
    void Save_Inform(ORDER *p,int m){
        FILE *fp;
        time_t timer;
        int i = 0;
        timer = time(NULL);
        if((fp = fopen("历史记录.txt","a")) == NULL){
            printf("操作失败\n");
            exit(1);
        }
        fprintf(fp,"%d\n",m);
        while(p->Dish_ID[i]> 0){
            fprintf(fp,"%d\t%s\t%f\n",dish[p->Dish_ID[i] - 1].Dish_ID,
```

```
                dish[p->Dish_ID[i] - 1].Dish_Name,
                dish[p->Dish_ID[i] - 1].Dish_Price);
        i++;
    }
    fprintf(fp," %s",ctime(&timer));
    printf("历史记录保存成功\n");
    fclose(fp);
}
//结账
ORDER *Payment(ORDER *head){
    int i = 0;
    int count = 0;
    float pay = 0.0;
    float Pay;
    int ID;
    ORDER *p, *p1;
    p = head;
    printf("请输入您的餐桌号\n");
    fflush(stdin);
    scanf(" %d",&ID);
    while(p!= NULL){
        if(p->Table_ID == ID){
            printf("您点菜的情况如下：\n");
            printf("编号\t 菜名\t 价格\n");
            while(p->Dish_ID[i]!= 0){
                Display(p->Dish_ID[i]);
                pay += dish[p->Dish_ID[i] - 1].Dish_Price;
                i++;
                count++;
            }
            printf("您一共点了 %d 道菜\n",count);
            printf("您本次的消费额为 %f 元\n",pay);
            printf("您实际的付款：\n");
            scanf(" %f",&Pay);
            if(Pay > pay)
                printf("找您 %f\n",Pay - pay);
            printf("谢谢您的惠顾,欢迎下次光临\n");
            if(count > 0){
                saveInList(pay);
                Save_Inform(p,count);
            }
            tb[p->Table_ID].Table_State = 0;
            break; }
    else{
        p1 = p;
        p = p->next;
    }
    }
    if(p == head)
        head = head->next;
    else
```

```
            p1 -> next = p -> next;
        free(p);
        return head;
}
//修改密码
void ModifyPW(){
    int password;
    printf("请输入新的密码\n");
    scanf("%d",&password);
    PASSWORD = password;
    printf("密码修改成功\n");
}
//查看账目
void Observe(){
    FILE *fp;
    float pay;
    char str[25];
    int i = 0;
    int j = 0;
    if((fp = fopen("账本.txt","r")) == NULL){
        printf("操作失败\n");
        exit(1);
    }
    printf("消费金额\t 消费时间\n");
    while(!feof(fp)){
        i = 0;
        j = 0;
        fscanf(fp,"%f\t",&pay);
        while(i <= 5&&j < 25){
            fscanf(fp,"%c",&str[j]);
            j++;
            if(str[j] == ' ')
                i++;
        }
        fscanf(fp,"\n\n");
        i = 0;
        j = 0;
        printf("%f\t",pay);
        while(i <= 5&&j < 25){
            printf("%c",str[j]);
            j++;
            if(str[j] == ' ')
                i++;
        }
        printf("\n");
    }
    fclose(fp);
}
//账单管理菜单
void ListMenu(){
    int choice;
```

```
    printf("1.修改密码\n");
    printf("2.查看账本\n");
    printf("3.返回\n");
    do{
        printf("请选择: \n");
        scanf(" % d",&choice);
        switch(choice) {
        case 1:ModifyPW();
                break;
        case 2:Observe();
                break;
        case 3:Menu_Select();
                break;
        default:printf("没有该功能项\n");
        }
    }while(1);
}
//账单管理
void List_Management(){
    FILE * fp;
    if((fp = fopen("账本.txt","r")) == NULL){
        printf("操作失败\n");
        exit(1);
    }
    if(Pass_Word())
        ListMenu();
}
//获得近期各菜的受欢迎程度
void Get_Rank(){
    FILE * fp;
    int n,i,m = 0,j;
    int count[10] = {0},t = 0;
    char s[16] = "",a[10];
    fp = fopen("历史记录.txt","r");
    while(!feof(fp)){
    fscanf(fp," % d\n",&n);
    i = 0;
    while(i!= n){
        fscanf(fp," % d % * s % * s",&m,s,s);
            for(j = 0;j < 10;j++){
                if(m == dish[j].Dish_ID){
                    count[j]++;
                    break;
                }
            }
            i++;
            if(i == n)
                fscanf(fp," % * s % * s % * s % * s % * s\n",s,s,s,s,s);
        }
    }
    printf("菜的受欢迎程度如下: \n");
```

```
        for(i = 0;i < 10;i++){
            printf("\n %d 菜:",i + 1);
            for(j = 0;j < count[i];j++)
                printf(" * ");
        }
        for(i = 0;i < 9;i++){
            for(j = 0;j < 9 - i;j++){
                if(count[j]< count[j + 1]){
                    t = count[j];
                    strcpy(a,dish[j].Dish_Name);
                    count[j] = count[j + 1];
                    strcpy(dish[j].Dish_Name,dish[j + 1].Dish_Name);
                    count[j + 1] = t;
                    strcpy(dish[j + 1].Dish_Name,a);
                }
            }
        }
        printf("\n 比较受顾客欢迎的四个菜是: \n");
        for(i = 0;i < 4;i++){
            printf(" %s\n",dish[i].Dish_Name);
        }
    }
    //密码验证
    int Pass_Word(){
        int password;
        do{
            printf("请输入密码\n");
            scanf(" %d",&password);
            if(PASSWORD == password){
                printf(" ************************************ \n");
                printf(" 欢迎进入账目管理系统\n");
                printf(" ************************************ \n");
                return 1;
            }
            else{
                printf("密码输入有误,请重新输入\n");
                printf("是否重新输入\n");
            }
       }while(getchar() == 'y' || getchar() == 'Y');
       return 0;
    }
```

## 2.5 代码测试

(1) 当程序运行时,主菜单显示如图 3-2-1 所示。

(2) 此时选择相应选项会执行相应的操作,例如选择 1,按 Enter 键,界面如图 3-2-2 所示。

(3) 结账,界面如图 3-2-3 所示。

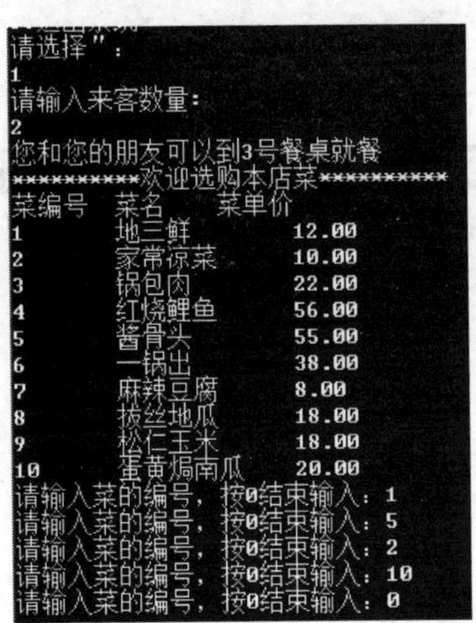


图 3-2-2

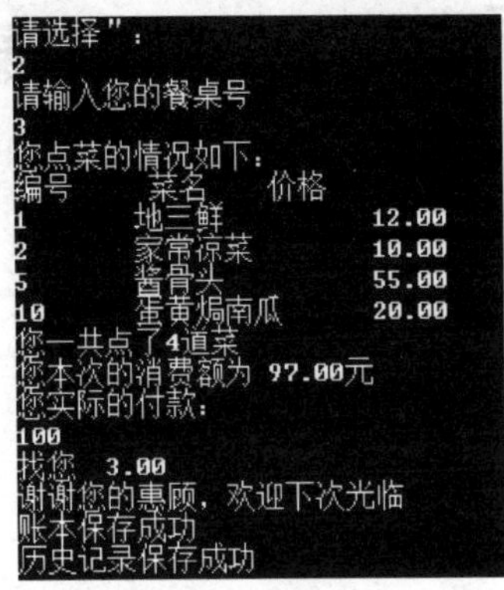


图 3-2-3

(4) 账目管理,界面如图 3-2-4 所示。

(5) 餐厅统计,界面如图 3-2-5 所示。

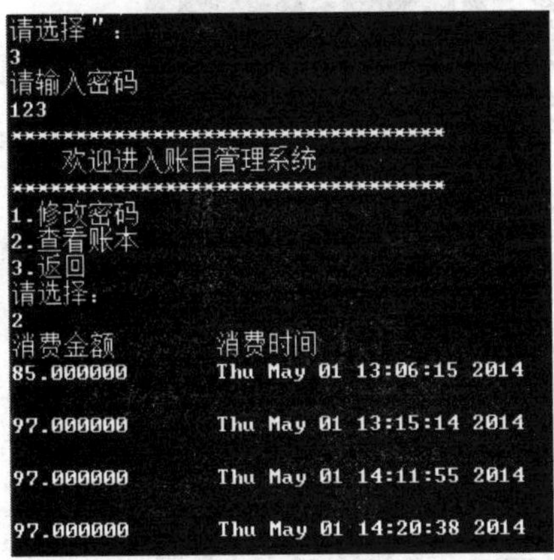


图 3-2-4

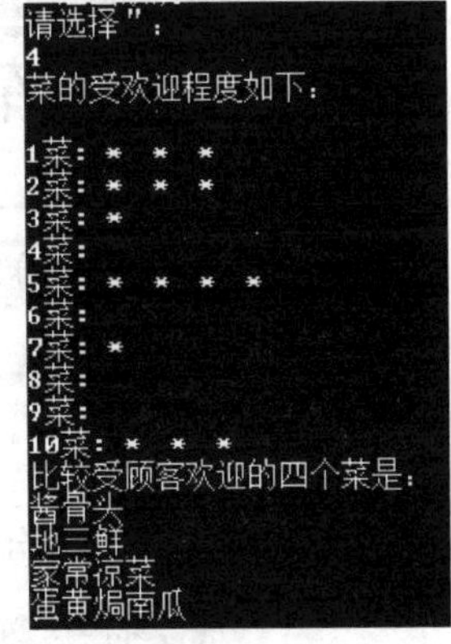


图 3-2-5

## 2.6 思 考 题

(1) 怎样用多个.c文件来实现本程序?

(2) 本例中对文件的操作都是对文本文件的操作,请思考怎样用二进制文件进行信息的存储与读取?有何区别?

(3) 本例中餐桌的初始化是手工的初始化,怎样用文件代替手工初始化?

(4) 本例中没有客户换菜的功能模块,如何完善?

# 附录A C语言全国二级考试模拟系统

目前,C语言二级考试都已采取上机考试形式,为了让第一次参加考试的学生熟悉考试环境,以下介绍模拟环境供参考。

登录系统界面如附图A-1所示。

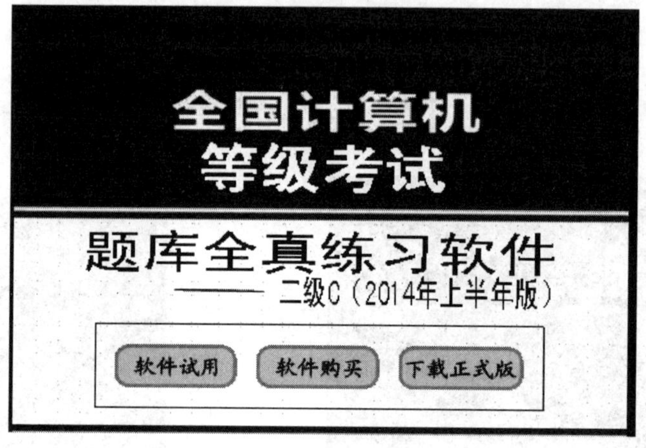


附图 A-1

然后选择"软件试用",进入分类学习和测试界面,如附图A-2所示。

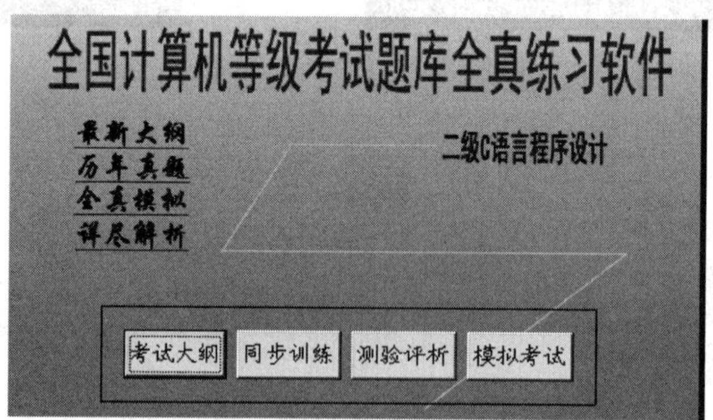


附图 A-2

选择"模拟考试",进入界面如附图A-3所示。

单击"确定"按钮,界面如附图A-4所示。

选择"开始登录",界面如附图A-5所示,输入准考证号。

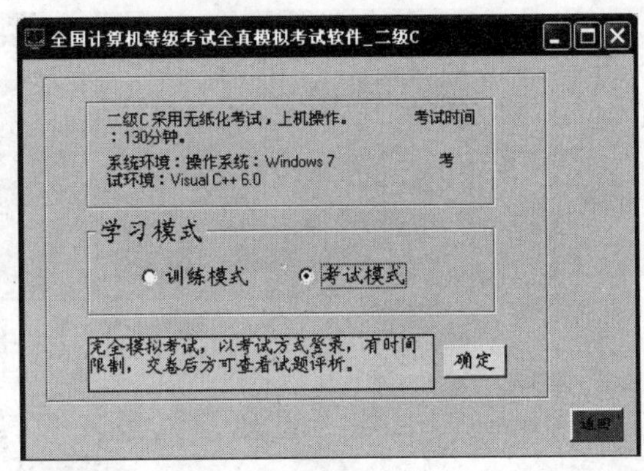


附图 A-3

附图 A-4

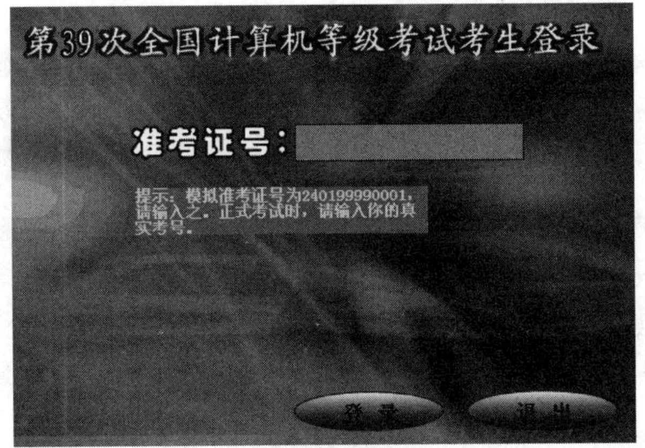


附图 A-5

输入模拟准考证号240199990001，进行身份确认，如附图A-6所示。

单击“是”按钮，出现如附图A-7所示界面。

单击“开始考试”，首先显示考试要求，如附图A-8所示。

附图　A-6

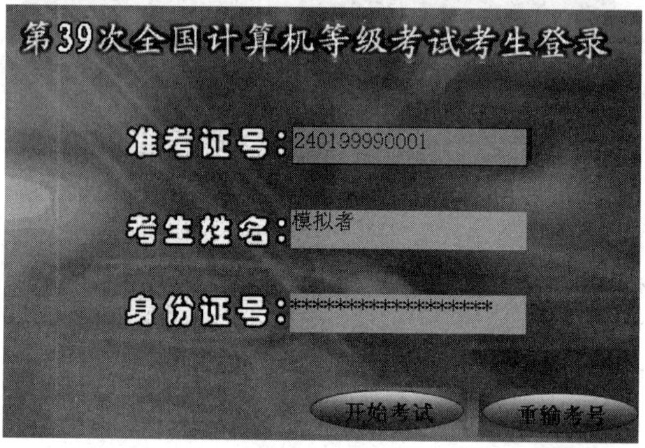

附图　A-7

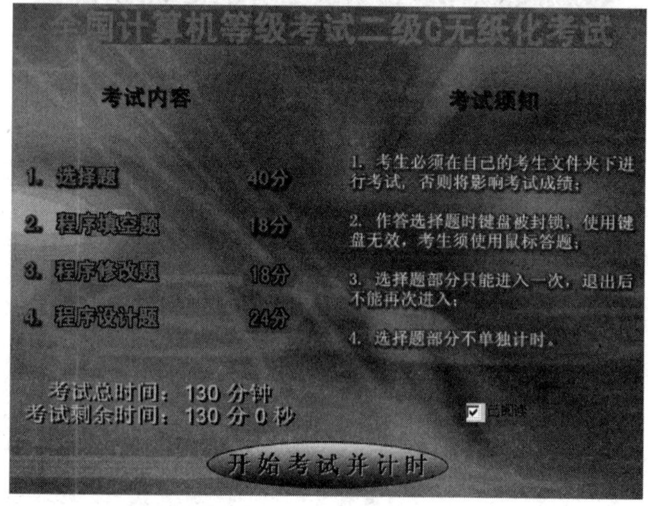


附图　A-8

单击“开始考试并计时”，进入考试页面，如附图 A-9 所示。

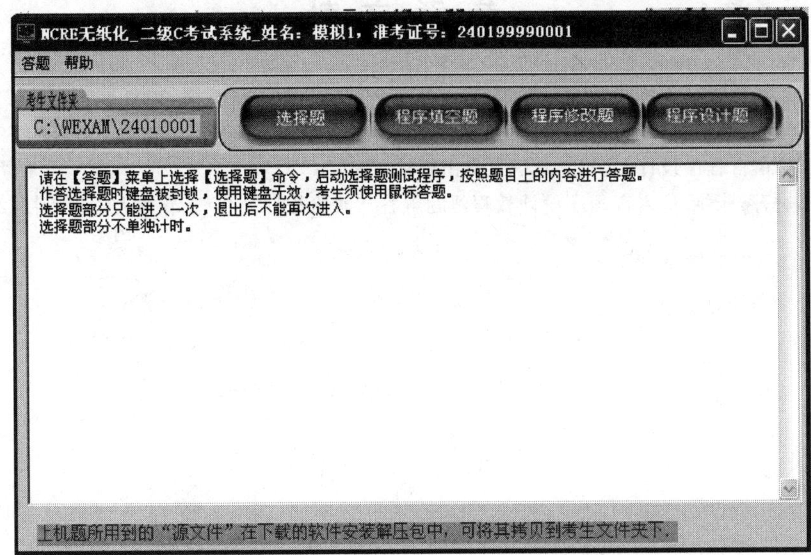


附图 A-9

选择题型进入答题界面。如附图 A-10 所示。

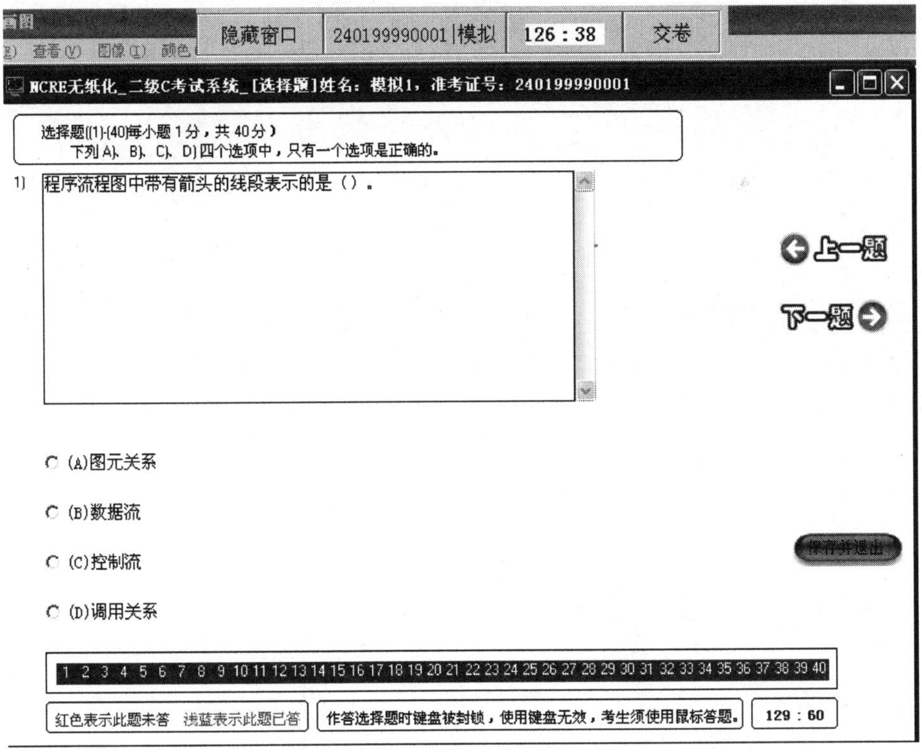

附图 A-10

# 参 考 文 献

[1] 田丽华.C程序设计上机指导与习题解答.北京：北京邮电大学出版社，2009.
[2] 李丹程，刘莹，那俊.C语言程序设计案例实践.北京：清华大学出版社，2009.
[3] 田丽华.C语言程序设计.北京：清华大学出版社，2010.
[4] 王敬华，林萍，张维.C语言程序设计教程习题解答与实验指导.北京：清华大学出版社，2009.